轻推

帮孩子走出退缩和焦虑

[美] 劳伦斯・科恩 著　李岩、伍娜、高晓静 译

中信出版集团 | 北京

图书在版编目（CIP）数据

轻推：帮孩子走出退缩和焦虑 /（美）劳伦斯·科恩著；李岩，伍娜，高晓静译 . -- 北京：中信出版社，2022.4（2025.11重印）

书名原文：The Opposite of Worry

ISBN 978-7-5217-4025-7

Ⅰ . ①轻… Ⅱ . ①劳… ②李… ③伍… ④高… Ⅲ . ①儿童教育—家庭教育②儿童心理学 Ⅳ . ① G782 ② B844.1

中国版本图书馆 CIP 数据核字（2022）第 035707 号

轻推：帮孩子走出退缩和焦虑

著　　者：[美] 劳伦斯 · 科恩

译　　者：李岩　伍娜　高晓静

出版发行：中信出版集团股份有限公司

（北京市朝阳区东三环北路 27 号嘉铭中心　　邮编　100020）

承 印 者：嘉业印刷（天津）有限公司

开　　本：787mm × 1092mm　1/16　　印　　张：17.75　　字　　数：248 千字

版　　次：2022 年 4 月第 1 版　　印　　次：2025 年11月第 9 次印刷

京权图字：01-2014-7856

书　　号：ISBN 978-7-5217-4025-7

定　　价：49.00 元

服务热线：400-600-8099

投稿邮箱：author@citicpub.com

目 录

译者序

当孩子面对挑战总是犹豫不前时，我们是一直被动地“等待”下去，还是可以主动做点什么？

当孩子退缩逃避时，我们是否应该“接纳”他？

在一次又一次的逃避和放弃之后，孩子是会安然享受结果，还是会备受困扰？

“推动”孩子接受挑战，是否有悖于“接纳孩子”的理念？

“有益的推动”与“有害的强迫”区别在哪里？

5岁的墨墨，按照传统的说法，是个“慢热型”的内向女孩。尽管她非常喜欢跳舞，但是却拒绝上台表演。对此，妈妈本着理解和接纳的原则，一直“耐心地”等待了两年。

然而，等待并没有带来好转。

妈妈心里其实也越来越焦急，因为孩子类似的表现不仅发生在舞蹈课上，而且越来越多地表现在生活的其他方面。“也许有人会批评我并没有真心接纳孩子。我承认，以往的‘接纳’和‘等待’，很多时候都是勉强为之，因为我生怕如果对孩子心存要求，就会违背新的教育理念。可是，墨墨每次看着同伴们兴高采烈地在台上表演时，她都是一脸怅然。显然，她并不享受一直当观众。作为妈妈的直觉告诉我，她需要我的帮助。”

假如墨墨妈妈在科恩博士（本书的作者）位于波士顿郊外的办公室里讲出这番话，那么科恩博士会怎么回答呢？如果科恩博士只是建议“用更多的爱和接纳继续陪伴与等待孩子吧”，那么他可能早就保不住饭碗了，因为他并不是一位畅销书作家，而是一位儿童心理咨询师和治疗师。他必须能够提供解决方案，既要可行，又要有效。

事实上，对于“接纳孩子”的理念，科恩博士无疑是最坚定的捍卫者和最有创意的倡导者。或者说，尽管他很少扮演宣教者，但他一直是一位“爱与接纳”的行动者。在他的第一本著作《游戏力：笑声，激活孩子天性中的合作与勇气》（*Playful Parenting*）中，科恩博士就已经将“爱与接纳”转化为两个层面的行动：

第一，我们接纳什么？他将黏人、哭闹、发脾气、攻击、自我封闭等难以接纳的行为，逐一解读为孩子内心的种种诉说，从而让我们清楚地了解到，“接纳”并不是对表面行为的被动接受，而是对内心需求的准确回应。

第二，如何让孩子接收到我们的接纳？他通过孩子的第一语言——游戏，让孩子在笑声中完整接收到成人的理解、接纳、爱与信任。

本书是科恩博士的第二本独立著作，也是“爱与接纳”在第三层面的行动。

人类的特征之一，就是成年后会忘记幼年时的感受。作为成人的我们，总是一厢情愿地用“无忧无虑”之类的词语去描述孩子的童年。然而事实上，童年是多种元素的混合，其中的确有幸福与快乐，但也一定有恐惧、愤怒和悲伤。如果这些负面感受悄悄地积累起来，就会演变为孩子成长中最大的隐形障碍——童年焦虑。

童年焦虑有各种各样的表现：羞于表达自己；不敢尝试新事物；与人交往时扭扭捏捏；过于在意他人的看法；做事情必须完美；做选择时迟疑不决；很难接受生活中的小变化；常常因为小事而发脾气或不高兴；坏情绪产生后很长时间才能平静下来；表面上顺从安静，实际上并不开心；等等。

假如类似的情形经常发生，那么说明孩子已经陷入持续的困扰，既无法自己摆脱，又无法直接表达。此时，我们必须清醒地意识到，孩子的内心诉说绝不再是“请接纳并等待我的成长”，而是“爸爸妈妈，现在我需要帮助”。

这并不是科恩博士一个人的观点。

近年来神经科学的突破性进展，更加明确地解释了孩子成长中的需求。专门研究人际交往与神经发育的神经心理学教授科佐利诺（Louis Cozolino）博士认为，孩子从成人那里需要的不是静态的陪伴，而是动态的交互，尤其在遇到挑战时，更需要成人主动提供恰当的支持。对此，专门研究情绪自控的神经学家舒尔（Allan Schore）博士则更加具体地指出，孩子的神经机制尚未成熟，在面对过大的挑战时还无法有效调节本能冲动所造成的巨大压力，这时他只有在成人的帮助下，才能逐步调节情绪冲动。及时调节情绪冲动，是神经机制得以健康发育的重要前提，因此，如果孩子在童年能够得到及时和有效的帮助，那么他将逐步发育形成良好的情绪自控的神经路径，而如果没有得到及时的帮助，那么他的情绪自控的神经机制将受到不同程度的损伤。

孩子在成长中必然要不断面对挑战和压力，然而越来越多的研究却证明，过度的紧张和压力是造成绝大部分儿童心理问题的根源。难道我们遇到的，是一个无法解决的矛盾？

对此，无论是从事理论研究的舒尔和科佐利诺，还是在第一线解决具体问题的科恩，都不约而同地回答：压力并不可怕，恰当的压力反而是成长中必需的；可怕的是持续的压力，而压力持续的原因，则是孩子没有得到及时的帮助。因此，我们要做的既不是强迫孩子（因为强迫只会增加压力），也不是帮孩子逃避挑战，而是帮孩子在面对挑战时有效地缓解压力，从而能够继续向前。

墨墨妈妈虽然没有去科恩博士的办公室，但却参加了本书的前期讨论。随着对"大脑安全系统"（第1章）、"临界点"（第4章）等概念的了解，对"恐惧测量计"（第3章）、"外化"（第8章）等工具和技巧的掌握，墨墨妈妈一步一步将女儿带到了舞台上。下台以后，墨墨兴奋地对妈妈说："上台的感觉真是太好了！"从那以后，每当老师问谁愿意上台时，墨墨都会高高地举起手。

墨墨妈妈在微信里说："不怕你们笑话，我当时都哭出来了。我觉得在孩子需要帮助时，自己不再是一个无力的妈妈了。"

在本书的翻译过程中，一度最让我们纠结的就是如何翻译本书的主题：童年焦虑（Childhood Anxiety）。

在大多数人的观念里，"焦虑"仍然是一个挺"严重"的词，代表着某种精神方面的问题。我们可以承认自己的心脏有问题，但很少有人愿意承认自己的精神有问题。所以，“童年焦虑”的说法就更会让人觉得不舒服——谁愿意说自己的孩子精神上有问题呀!

因此在翻译之初，我们曾使用“过度紧张”等译法作为替代。但是随着在翻译过程中不断查找资料，不断对焦虑和童年焦虑的更深入理解，我们最终还是决定使用“焦虑”一词，因为:

第一，现代社会衣食无忧，但精神压力却越来越大，因此，“焦虑”实际上是一个必然和普遍的现象。战胜焦虑的前提是面对它，而不是回避它。

第二，“童年焦虑”应该作为一个专门的概念而得到足够的重视，因为它是绝大多数心理问题的生理性根源。

第三，也是最重要的，童年焦虑并不可怕。只要开始行动，我们就会发现，原来自己能有这么多的方法和智慧，原来孩子拥有如此的潜能，原来“爱与接纳”具有如此的力量。

欢迎加入游戏力的新行动:轻推，帮孩子走出退缩和焦虑。

李岩

前言

欢迎加入有惊无险、刺激好玩的旅程

八年级时有一次科学课，我需要自己拟定实验课题。

当时我妈妈是一所幼儿园的园长。每年春天，幼儿园都会组织孩子们进行孵小鸡的活动，而我则在晚上和周末负责照看鸡蛋和雏鸡。那时，我姐姐珍妮正在进修心理学课程（你一定会说：看来你们家都是干这一行的）。她给我讲了她的导师正在研究的课题——动物的僵固行为（很多时候就是“装死”）。这是很多动物的一种本能，包括小鸡在内，它们在极度恐惧而又无力反抗或逃走的时候，就会装死。也许它们本能地知道，老鹰绝对不会吃死动物。

我的实验课题因此有了着落。

小鸡们出生几天后，我把它们一只一只地轻轻捧起，死死地盯着它的小眼睛，就像老鹰盯上猎物的样子。等我把它放下时，小鸡吓得僵在地上不动了，开始装死。大约 1 分钟后，它蹦起来，又开始四下走动。这就是从害怕到复苏的一次循环。

在第二步实验中，我同时吓唬两只小鸡，结果它们一起装死，大约持续了 5 分钟。也就是说，它俩一起装死的时间，比第一步实验中单独装死的时间要长得多。

接下来第三步，我在吓唬一只小鸡的同时，让另外一只在旁边闲逛，结果被吓的这只小鸡仅仅在地上躺几秒钟就蹦了起来。

我的结论如下：

受惊的小鸡会观察第二只小鸡在干什么，以此来判断环境是否安全。如果第二只小鸡正在欢快地四处溜达，那么前一只小鸡就像接收到了安全信号：第二只小鸡没有害怕，而且也没被吃掉，所以一定没危险，我也可以站起来了。如果第二只小鸡也在装死，那么前一只小鸡可能就会想：虽然我自己没看见老鹰，但是第二只小鸡肯定看见了，所以它不起来，那么我最好也老实躺着别动。我姐姐的导师加洛普博士发现，小鸡们在镜子前面装死的时间最久，因为它以为镜子里是另一只被吓坏的小鸡。

在刚刚开始从事家庭咨询和治疗的时候，我曾一度理解不了的是，为什么对于有些父母而言，安抚紧张的孩子是一件非常困难的事情。在这个问题上，“第二只小鸡”的实验给了我启示。普通孩子在轻度紧张时，只需要父母劝慰几句就行了，即父母起到了“没有害怕的第二只小鸡”的作用。而对于那些很容易高度紧张（即焦虑）的孩子，他们不仅听不进劝慰，有时劝慰反而会让他们更加不安。其中一个重要的原因，就是他们的父母同样也很紧张。当孩子环顾四周时，他们看见了紧张的父母——“吓坏了的第二只小鸡”，这让他们更加坚信这个世界是个险象环生的地方。

即便父母没事，焦虑的孩子也经常无法察觉到旁人的放松状态。这是因为焦虑会让人们戴上“有色眼镜”，看到的都是世界上的危险。他们就像在镜子前装死的小鸡那样，一直能看到吓坏了的第二只小鸡。不管父母紧张与否，焦虑的孩子常常深陷这种感受而无法自拔。

假如孩子比较容易紧张，那么我建议父母在孩子紧张时，别再重复以前那些无休无止的说教和劝慰。毕竟，镇定的第二只小鸡之所以能安抚吓呆的小鸡，用的并不是摆逻辑、讲道理的方式，更不是行为矫正！在孩子害怕的时候，我常把自己当作“第二只小鸡”。我会对孩子说：“看看我的眼睛吧，我眼睛里有没有‘害怕’？”这种方式能让孩子从僵固的状态中摆脱出来，帮助他找回安全感。这要比“没什么可怕”之类的劝慰管用多了。

除了介绍应对童年焦虑的方法之外，本书还会探讨如何重新设置“安全系统”。这里所说的“安全系统”，是指大脑在面对危险时的反应，以及从紧张到恢复平静的过程。安全系统能挽救我们的性命。紧张情绪就像一个“警报器”，如果它不工作，我们过马路前就不知道要左右查看，身处险境也不会逃跑、躲避或者反抗。然而，过度的紧张则会导致安全系统紊乱。焦虑的孩子会有一个过于敏感的警报器，即便眼前没有危险，一个念头也会使他警报大作：

万一闪电击中房子……

我当初要是多复习几遍该多好……

别人肯定会嘲笑我……

万一谁都不理我，那可怎么办……

正常的安全系统，必须具有“解除警报”的功能。火警之后，人们怎么才能知道何时可以安全回到房间里呢？焦虑的孩子在警报器过度敏感的同时，解除警报的机制却运转不良。他们似乎对任何安全的信号都浑然不觉，即便第二只小鸡早就爬起来满地啄米了。寡言少语、心事重重、强迫性行为、没完没了的担心，都是无法解除警报、一直警报大作的表现。

焦虑的孩子身边没有“第二只小鸡”来提供有效的安慰，或者自身缺乏一套运转正常的安全系统，于是他们只好逃避。他们不仅逃避危险，也逃避任何能让他们联想到危险的事物。焦虑的孩子面临一个矛盾：他们竭尽全力地逃避紧张的感觉，然而不幸的是，从长远看，逃避的结果只会增加紧张。因此，本书的主题之一，就是如何避免逃避。

我为什么要写这本书

说起高度紧张和焦虑，我个人深有体会，因为我自己从小就是个容易紧张的人。有一件事让我忽然意识到，并不是所有人都像我那样紧张兮兮地看世界。必须承认的是，发生那件事的时候，我已经是个成年人了（真够难为情的）。那天我在高速路上开车，前面那辆车的排气管突然掉了下来。我猛打方向盘，尽管绕开了，但仍然惊慌不已。在接下来的 10 分钟里，我反反复复地念叨着：“我们差点儿就死了！要是我们撞到那根管子该怎么办？”

我一直唠叨个不停，直到坐在副驾驶的那个朋友十分平静地说：“可是我们没有。”我哑口无言，最后只得笑了起来。他说的这个事实我居然一点儿都没有意识到。我试图争辩，可是却找不到任何符合逻辑的理由。由于车里的“第二只小鸡”并不紧张，我因此也就“不再僵固”，放下了刚才的紧张。当然，这种过度的紧张不可能瞬间消失。毕竟，它是经年累月形成的。

对于自己容易紧张的原因，我同意那个传统的解释——既有先天因素，又受后天影响。也许基因和先天特质让我注定是个容易害羞的人，也就是常说的“慢热型”。我有个容易紧张的父亲，而他则有个更容易紧张的妈妈。我小时候遭遇过一些可怕的事情，严重的创伤是那个年龄的我所无法承受的。换句话说，所有能造成童年焦虑的事情，我都遇到了。我真希望当年自己的父母能读到这么一本书。

父母们常常问我，随着年龄的增长，孩子是不是自然而然就能摆脱这种焦虑状态。很抱歉地说，仅靠年龄的增长往往是不够的。当然，年龄的增长有时会带来新的动力，促使人做出改变。我为了克服自己的羞怯感，就曾竭尽所能地努力过，一次是为了在学校里表演，还有一次是为了跟女孩约会。幸运的是，这两件事我都成功了。然而，在某些情况下，昔日的紧张感还是会卷土重来。成功地应对紧张，并不是说从此就再也不会感到紧张。它意味着紧张不再像过去那样频繁、严重或者挥之不去。对我来说，一个最大的转变就是：紧张不再限制我的生活，不再是我前进中的绊脚石。如今，我喜欢做公开演讲，喜欢结识新朋友，以至于当我说自己容易害羞的时候，大多数人根本就不相信。现在，当我感到紧张的时候，我会努力去弄清楚原因，正视紧张背后的真实情绪，而不会再像那些可怜的小鸡一样吓得在地上装死。

改变永远为时不晚。

对于容易紧张的父母来说，能为孩子提供的最大帮助，就是处理好自己的紧张情绪。我父亲以前一直害怕游泳，因为他自己的母亲非常害怕他淹死。我 10 岁时，有一次邀请父亲下到泳池跟我一起游。他说他太害怕了。我说：“别担心，爸爸，我会抓住你的！”虽然那次他最终没有下水，但是多年后他告诉我，当时我那无知的自信鼓舞了他，他因此参加了一个游泳班，第一节课时，他一上来就向教练讲述种种害得他不敢游泳的童年经历。教练回应说：“你的故事很好，但是都没用。现在，下水吧！”那个教练便是我父亲的“第二只小鸡”。我父亲下了水，学会了游泳。

尽管我知道，游泳教练“现在，下水吧”的建议是正确的，但是我绝不提倡把害怕水的孩子扔进水池，或者把经常受欺负的孩子关在房子外面，逼他克服对邻家小霸王的恐惧。在帮助孩子克服焦虑的问题上，父母的确扮演着十分重要的角色，但是这个角色十分微妙，绝不是强迫孩子遵照父母的意愿来消除恐惧那么简单。帮孩子面对恐惧时，我们当然需要推孩子一把，但是必须推得温柔，推得有耐心。

写此书的另一个主要原因，是我在办公室里接待了越来越多深陷焦虑的孩子，在学校目睹了越来越多的焦虑情景，在与父母交流时也听到了越来越多他们自己小时候过度焦虑的故事。而如今，父母作为成人也越来越紧张了。我的很多同行也发现，因为害怕、紧张、担心和苛求完美而前来进行心理治疗的孩子数量骤然增多。把“焦虑”称为流行病，我觉得一点儿也不夸张。

有一次，我在一所小学里和父母进行交流，听到了各种各样有关孩子害怕的情况：有的孩子非常怕水，不敢游泳，甚至每次洗澡都会爆发激烈的情绪；有的孩子过于害怕犯错，以至于无法正常上课；有的孩子不敢尝试任何新事物；有的孩子不敢做任何选择，连穿什么衣服去上学这类最简单的选择都做不出；有的孩子无法离开父母寸步，就算是上个厕所都不可以。这些孩子和家庭并没有进行任何心理咨询或治疗，但是我认为这些问题必须引起重视。

一位在幼儿园工作多年的老师告诉我，她给孩子们念了几十年的童话故事，但是最近几年，每个班里都会有几个孩子不敢听这些童话故事，因为他们觉得故事太可怕了。一位中学老师告诉我，有一个妈妈执意不让老师用红墨水批改她儿子的作业，因为红色会让孩子崩溃。谁也无法准确回答，为什么童年焦虑的现象一直有增无减，不过可能的原因包括：学校的竞争在增加，家庭的压力在增加，父母自身压力过大，生活节奏全面加快。

当孩子过度焦虑，尤其是劝慰和安抚无效的时候，父母会感到非常无助。这是一种痛苦的煎熬。你沮丧、生气，担心孩子的未来。你深知过度的紧张、害怕和焦虑正在干扰孩子的生活，破坏孩子的快乐。你想帮助孩子。好消息是，你能够帮到他们——以你未曾想到的方式。

你当然可以随时向专业心理治疗师求助，尤其对于严重的焦虑，专业治疗很重要。但是，我在这里描述的方法，是专门为想要亲自帮助孩子的父母而设计的。即使孩子正在接受专业治疗，你也可以在家里使用这些游戏技巧来帮助孩子释放情绪，从而配合专业治疗。我是心理治疗的头号粉丝（我自己就是吃这碗饭的），但是心理治疗缺少一个重要元素，而这个元素却是每个家庭都拥有的：亲子关系的力量。这是康复与改变的重要资源。大多数针对童年焦虑的方法都把父母排除在外，我认为这是大错特错的。本书中的方法把亲子关系放在了核心位置。假如紧张焦虑使你和孩子的关系面临危机，那么我希望这些方法能够帮你们重建亲密的关系。

用游戏力应对焦虑

联结（connection），是我所有方法的核心，这一点我在《游戏力》

（简称）一书中详细讨论过。人生无处不联结：怀孕，喂养，搂抱，相视，玩耍，分享，安慰，倾听与交谈，友谊与共情，爱与关怀。联结让孩子感到安全、自信和快乐。

但是，分离，同样也是生活内容的组成部分。孕期结束于胎儿与母体的分离，婴儿期结束于孩子爬出去探索世界，我们与孩子分手去上班而他们去上学。还有一种心理上的分离，就是当我们生孩子的气，或者当孩子生我们的气、当他们害怕、当他们感到孤独时。这类心理分离，就是联结断裂，而且更为痛苦。

联结断裂是很多行为问题的根源。

对待“干坏事”的孩子，我们常常采用的方式是关禁闭、罚站、羞辱、打骂、威胁、指责，或者扬言不再爱他。这些方式将导致更严重的联结断裂，因而从根本上是毫无益处的。

由于分离和断裂时有发生，因此我们必须掌握重建联结的手段。对父母而言，游戏是与孩子重建联结的最佳方式之一，因为游戏欢乐、有趣，并且要求我们大人跟随孩子进入他们的世界。很多联结断裂的发生，都是因为孩子被迫进入大人的世界、听从我们的安排（几点必须上床睡觉，哪里必须保持安静，早晨一起床就必须争分夺秒，等等）。的确，我们有时不得不强加给孩子一些规矩，但是如果这样导致了联结断裂，那么我们可以通过更多的游戏和关爱来重建联结。

如何进入孩子的世界呢？简单地说，就是“坐到地板上”。有时仅仅是与孩子一起玩点什么，并时不时轻松愉快地互看一眼，就能预防或解决很多问题。面对年龄大一些的孩子，你可能并不需要真的坐在地上。和他们一起坐在沙发上，看一些你不爱看的电视节目（可是他们爱看，而你又想与他们加强联结），或是一起待到半夜（因为他们更可能在深夜向你敞开心扉，而不是吃晚饭时），这些都是重建联结的方式。

蓄满空杯的比喻，也可以帮助理解“联结—断裂—重新联结”的概念。想象一下，每个孩子内心都有一个杯子，需要你蓄满爱与关怀。杯子满了，孩子会变得合作、快乐、充满创造力。杯子空了，孩子会变得不爱合作、愁眉苦脸，不停地制造麻烦。作为父母，我们最重要的任务之一，就是不断去蓄满爱之杯，方法包括：关注孩子，满足他们的需求，让他们做选择，倾听并鼓励他们。

爱、关怀和游戏，能把孩子的杯子蓄得很满很满。比如，如果孩子因为看医生而感到恐惧，那么你可以通过角色置换的游戏帮他走出恐惧：让他扮演医生，你来扮演吓得要死的病人。你也可以用毛绒动物或玩偶小人，来表演出让孩子害怕的情境。追逐打闹对于建立自信心尤其有效，因此我建议多玩打闹游戏，让孩子从身体和心灵两方面同时感受到自己的力量。笑声让紧张得到缓解，亲密帮孩子走出沮丧。

蓄满的杯子，也就是亲子间的紧密联结，会在孩子的内心建立安全感。有安全感的孩子会合作、自信、灵活。而安全感的缺失，就可能导致孩子紧张和胆怯。我并不是说缺少安全感的孩子就是因为没有人爱，而是说他们在获得蓄杯（也就是获得安全感）的过程中，遭遇了某种干扰和阻碍。

游戏力并不仅仅是快乐地玩耍。孩子都会有激烈的情绪、问题行为以及未被满足的需求，这时他们需要成人来倾听和理解。他们需要的是成人温柔的引导，而不是指手画脚的评价，更不是指责批评。他们需要成人允许他们释放情绪，而不是告诉他们“不许哭”、“有什么好生气的”或者

“有话好好说”。

如果把孩子的感受搁置一旁，我们就无法用游戏解决问题，而孩子则会失去我们的共情和理解。这里有一个例子，一位妈妈千方百计想避免孩子产生不良感受，可是这种做法却让孩子越来越紧张，后来游戏与共情才让情况有了转机：

> “我儿子两岁的时候，开始害怕公共卫生间的电动干手器。尽管我们知道他不喜欢任何噪声，但他对干手器的害怕简直到了抓狂的地步。最初我们带他尽量躲避，可是这让他变得更加害怕。”

她告诉我，为了让孩子听不到那种声音，她什么办法都试过了。

最后，她意识到这样逃避只能让儿子的恐惧加剧，于是她换了一种完全不同的方式：

> “我开始玩一些傻乎乎的干手器游戏，要么我当干手器来吹他的手，要么他当干手器来吓唬我。我们一起走进公共卫生间的时候，我装出既滑稽又害怕的样子。如果时机合适，我就问他敢不敢离干手器近一些，同时镇定地告诉他，他不喜欢那个声音是很正常的，只不过这玩意儿是绝对不会伤害他的。我遵循不心急、慢慢来的原则，一开始只是口头说说我要打开干手器，一段时间后真的打开，最后鼓励他把手放在下面。与此同时，我也一直在家玩上面提到的‘假装干手器’的游戏。”

共情与游戏，成就了这一切转变。妈妈和孩子不再逃避，而是直接面对干手器，这期间孩子肯定会哭闹、尖叫、怕得发抖，但妈妈知道这对于孩子克服恐惧是个必需的过程。“现在他 4 岁了，虽然不能说他有多么喜欢干手器，但他至少能让我把它打开，有时他能够自己把手放在下面。”

还有一个例子，一位善用游戏力的父亲描述了一段富有创意的亲子合作：

> “任何时候，我和女儿贝卡玩角色扮演的游戏，都会有所帮助。例如，贝卡害怕吊扇在房间里的影子，但是特技女演员珂珂（她自编的一个人物）却什么都不怕。于是，当贝卡感到害怕的时候，我只要问她‘珂珂最近学会了什么新特技’，这样就能打破僵局，帮她冷静下来。”

在上述两个家庭里，游戏打开了一片新天地。没有游戏，父母会困惑、恼火或者重复做无用功。对于那个害怕干手器的男孩来说，假装游戏带他一步步靠近了真正的干手器，妈妈接受了他强烈的、因为早先逃避而积累下来的负面情绪。逃避会让人一度感觉良好，但之后就会渐渐成为孩子的拦路虎。对那个害怕影子的女孩来说，假想游戏激活了她内在的信心。

刺激、好玩、有惊无险

本书介绍的方法不仅适用于偶尔会担心害怕的孩子，也适用于经常高度紧张或严重焦虑的孩子。本书的目的是重新找到生活的快乐源泉，让我们从担心与害怕的束缚中解脱出来。从一两岁到十二岁，是运用游戏力帮助孩子面对恐惧、缓解紧张的最佳年龄段。年龄更大一些的孩子也许不那么容易对游戏敞开心扉，但是在本书中，仍然有一些技巧是大孩子可以受益的。十七八岁的年轻人可能更想依靠自己或心理治疗师来应对紧张情绪，而不想继续依赖父母。

我接待过一名过度紧张的男孩，治疗一段时间后，他妈妈告诉我，男孩自己写了一张励志的字条，并贴在床头：

“每天做一件有惊无险、刺激好玩的事。”

这是个很大的挑战。

现在，欢迎加入有惊无险、刺激好玩的旅程。

第 1 章

童年焦虑与大脑安全系统

有时我们能哄劝她尝试一些新事物，

但大多数时候，她都是一副战战兢兢、

哭哭啼啼、六神无主的样子。

—

一名 7 岁女孩的母亲

焦虑面面观

这天一如往常，小区游泳池里挤满了学游泳和参加跳水比赛的孩子。伴随着笑声、戏水声和交谈声，每个孩子群里总有那么一两个，正以某种方式挣扎在焦虑情绪中。年龄最小的游泳班里，一个3岁的男孩坐在妈妈的膝盖上，吮着大拇指，把脸埋在妈妈怀里，旁边一位游泳教练正耐心地哄他下水。另一个班上，一个6岁的女孩欢快地走进游泳池，双脚打着水，可是当几滴水溅到她脸上时，她就气急败坏地哭了起来。过道里，一名9岁的男孩正在跟妈妈大吵大嚷。“上星期你不是游得挺开心的吗？一开始游你就会高兴了呀！”“我就是想回家，我讨厌游泳！”

一个12岁的女孩正要跳水，突然，她认出一名对手是这个年龄组里数一数二的跳水高手。她感到心里一阵紧张，稍一犹豫，结果没有把动作做好。她平时训练的时候跳得可是相当好的。

上述情景中，那个年龄最小的孩子因为要与妈妈分开而感到紧张，那个6岁的女孩害怕脸被水打湿的感觉。过道里的男孩在家里想到游泳的时候跃跃欲试，可是一旦来到游泳池门口，他就感到紧张，想要逃走。或许他觉得害怕游泳是一件丢脸的事，或许他也搞不清楚是为什么，便用生气来掩盖真实的情绪。年龄最大的那个女孩心里总是患得患失：“万一我没做好动作呢？”结果真的影响了她的发挥。这是一种焦虑性行为。上述每个孩子都在焦虑，但是每人的表现方式都不一样。

那么，焦虑（anxiety）到底是什么？这是个很难回答的问题，因为我们用了那么多看似不同却又意思相近的词来形容它。焦虑，有时被认为是略轻于恐惧（fear）的感觉，但在专业上认为，焦虑症（anxiety attack）的后果，与恐慌症（panic attack）是一样严重的。焦虑可以是一种情绪感受，可以是一种生理状况，或者是不安的念头与想法。压力（stress），通常指的是持续的焦虑，担心（worry）和困扰（obsession）是焦虑的心理表现，紧张性习惯（nervous habit）与强迫性行为（compulsion）是焦虑的行为表现。惊悚与恐怖（dread，terror）意味着极度的焦虑，但这些字眼都难以精确定义。大多数孩子偶尔会感到焦虑，有些孩子却一直在焦虑。有些孩子即便产生了焦虑，但他自己却浑然不觉。这些概念确实容易把人搞糊涂，因此我们不必给出精确的定义，只要有个方向性的了解就行了。

你或许注意到，我对焦虑的这番描述与医生手册上的焦虑症表现有所不同，因为我认为，对于了解童年焦虑，传统的医生诊断并不能提供太大帮助。我认为更重要的是理解焦虑对孩子身体、情绪、思维、行为以及人际关系的影响。

担心、焦虑和害怕的反义词又有哪些呢？这同样难以定义。危险的反面是安全吗？紧张的反面是安心还是自信？害怕的反面又是什么？无畏、勇敢，还是平静？担心的反面似乎应该是坚信生活中一切美好。这些表述还是让人觉得似是而非。

紧张的好处

无论用什么词来形容，我们关注的通常是焦虑给人带来的痛苦。焦虑让孩子郁郁寡欢，让父母备感无力。其实焦虑的原型——紧张，是有其好处的。健康的心理、成功的人生，乃至死里逃生的能力，都必须具备适度的紧张情绪，因为它能驱使我们避开危险，积极行动，使身心达到最佳状态。完全的放松不利于考试或跳水，因为这类活动需要全神贯注。只有当一个人过度紧张或者总想逃避（正如游泳池里那些紧张的孩子们）的时候，它才成为一种危害。

过分紧张会忧郁成疾，紧张不足则难以成功或者防卫不够。危险关头，我们需要恐惧，因为恐惧能刺激我们求救、逃跑、躲藏，或者为生存而反抗。当然，必须是在真正的危险来临时，紧张情绪所提供的才是积极帮助。害怕正在追你的老虎确实关系到你的性命，但是害怕动物园里的老虎就有点多余了，而害怕听老虎的故事则更是大可不必。

良好的紧张感让我们远离不道德的行为。良心利用紧张提醒我们，要是做了违心事就会惹上麻烦或者感到内疚。但是，假如好端端的时候也会在内心产生罪恶感或羞愧感，那就属于过度紧张了。

危险当头的时候，容不得我们仔细思考。我们需要的是一个快速反应机制，而紧张的反应比思考的速度要快得多。请想一想，你有时是不是心里会生出一种说不清道不明的危机感。我们都多少有点“蜘蛛感应”（漫画英雄蜘蛛侠拥有的超能力），先察觉到不对劲的气息并对身体发出警告，再找时间去收集和分析信息。蜘蛛侠不会把他的直觉归功于紧张感，但本质上它和紧张感一样，都在四下查探危险，时刻准备行动。正常情况下，紧张感说来就来，迅速发挥作用，然后功成身退，给随后赶到的理性思考让路。但是在一个人过度紧张的时候，理性思考就很难插足进来。

过度紧张不会要我们的命，只会让我们越来越消极，越来越失去生机。或者更准确地说，它不会马上要我们的命。尽管我们都已知道，持续的压力会严重危害健康，但是从生存的逻辑上，假如真有危险，那么多一些紧张总比紧张不足要更安全。这可能就是孩子动不动就容易紧张的原因。

孩子需要适度的紧张，但父母确实很难把握这个平衡点。我们希望孩子为考试紧张起来，这样才会认真备考，但是又不希望他害怕得不敢上学。我们希望孩子检查作业、改正错误，但是又不希望他成为擦了又写、写了又擦的完美主义者。我们希望孩子把手洗干净，但是又不希望他每次洗了五分钟还不停。我们希望他在面临火灾时知道如何自救，却又不希望他每次一走进楼房就只想着失火时该怎么办。

许多容易紧张的孩子担心自己不够聪明，因为他们知道自己有时会做出一些傻事。我会提醒他们，从来不紧张的人才不够聪明。智商再高，也丝毫不能帮人免除情绪上的烦恼。事实上，很多容易紧张的孩子智商都很高，只不过他们总是担心这担心那，因而耗费了太多脑力。

我们更需要帮这些孩子认识到，容易紧张的特点同时也意味着敏锐过人的情绪能力。一个人在某个方面有些缺点，必然在另一方面具有优势。

最近，我接待过一对父母，他们的儿子康斯坦丁就是一个极度焦虑的孩子。这对父母说，只要没有进入焦虑状态，康斯坦丁就是一个具有想象力、创造力，快乐而风趣的孩子，做事也十分专注。这些优点是有焦虑倾向的孩子的共通之处。父母和老师常说，容易紧张的孩子更懂事，说话稳重，体恤他人，和大人相处得更好。尽管我们常常需要鼓励这些孩子去尝试一些更加刺激的事情，但换个角度想，他们至少肯定不会成为极端的冒险分子，这让我们很放心。

焦虑引发的痛苦

当焦虑达到一定程度时，人就会感到非常痛苦。

洛伯，一个9岁的男孩，在治疗期间给我写过一封电子邮件："最近我非常担心会死掉，还担心会刮飓风。这些担心让我难受极了，我等不及周四跟你见面了，现在就想告诉你。我真的、真的很担心，我心里紧张死了。我睡不着觉，没法正常过日子。我希望能有办法解决这个问题，我迫切地想要找到一个办法。你能帮我想想办法吗？"

焦虑会导致各种痛苦，这些痛苦有的轻微，有的严重，有的偶尔发生，有的频繁发作，有的几乎一直持续不断。童年焦虑引发的痛苦有多种表现形式：

- 生理反应，如心跳加速，呼吸急促，肌肉僵硬，胃里有压迫感或灼烧感，颤抖出汗，手脚燥热或冰冷。
- 总想上厕所，肠胃不舒服，大小便失禁。
- 各种焦虑的想法、悲观的念头，顾虑重重，例如："万一遇到麻烦怎么办？""要是没那样做就好了，我会后悔一辈子。老师肯定不喜欢我了。"
- 胡思乱想，头脑中不由自主地反复出现某个想法或情景。
- 缺少变通和灵活应对能力，不敢冒险，回避新事物，常规事物稍有变化就会导致情绪崩溃。
- 焦虑的行为习惯，如啃指甲、扯头发、坐立不安、咬衣服等。
- 持续的负面情绪状态，如警惕、忧虑、惊吓、恐惧等，或者时刻对外界保持戒备。

- 过度害怕某个事物，包括幻想中的事物，如狗、虫子、床下的怪物。
- 认为这个世界处处都是危险。
- 逃避任何有可能引发恐惧或焦虑的事物，而当无处可逃时就会情绪失控。
- 焦虑的行为模式，如害羞、黏人、犹豫不决、追求完美、强迫症，或企图完全控制周围的环境。
- 随着绝望感的增加，想获得更多安抚，但在别人给予安抚的时候却又断然拒绝。

由此可见，焦虑会影响孩子的身体、思维、情绪、人际关系和行为。每个孩子焦虑的表现不一样，感受也不一样。

我们一起来看看马拉和卡尔在电影院里的表现。

马拉和父母坐在一起，银幕上突然出现了一只大鲨鱼，并伴随恐怖的音乐。马拉立刻产生一阵强烈的生理反应。（这就是紧张。）她想："我必须离开这儿。"又想："要是鲨鱼追过来怎么办？"（这是焦虑的想法。）她跑向出口。（这是焦虑的行为。）当晚她久久无法入睡，睡着后又被噩梦惊醒——更多的焦虑。下次家人再去看电影的时候，就算知道电影里不再有鲨鱼，她也不愿意去，这种回避也是焦虑。焦虑还有可能蔓延到马拉喜欢的其他日常活动中。

另一个孩子卡尔，和他的朋友一起坐在同一家电影院里。与马拉相比，卡尔的焦虑有着不一样的表现。当鲨鱼在银幕上出现的时候，卡尔紧紧抓住座椅扶手，不由自主地心跳加速、呼吸急促起来。和马拉一样，卡尔也不愿意再去电影院了，但他不明白为什么。他会生气，但是他不承认自己是因为紧张或者害怕。相反，他说他不喜欢看电影，这让他的父母感到莫名其妙，因为他们知道卡尔其实很喜欢看电影。此外，卡尔更加粗暴地对待襁褓中的弟弟，这是焦虑的又一种常见表现。这下，他的父母真的着急了。

我们更需要了解的是，焦虑所造成的痛苦，不只是焦虑当时的感觉。逃避焦虑，同样会造成痛苦。噩梦确实很糟糕，可是当其他人都去电影院的时候，独自留在家里的滋味也不好受。我们因为不忍心看到孩子愁眉苦脸的样子，于是常说："算了，要是不想去电影院就别去了。"（"不想游泳就别游了。""害怕虫子就离那儿远点。""不想上学就别上了。"）但这会让孩子们陷入逃避的恶性循环，错失重要的人生体验。他们逃避的事情会越来越多，生活圈子也会越来越小。

饱受焦虑之苦的家庭，对这种逃避和错失已经见怪不怪了。在洛伯给我写信诉苦的几个月后，我收到他妈妈的来信："洛伯这个暑假参加了一个为期三周的户外露营活动！我特此写信告诉你，因为你知道这对我们全家来说意味着什么。"的确，我知道。当孩子冲破焦虑的束缚之后，他的生活也就有了新天地，那会令人十分欣慰。

童年焦虑有时一目了然，有时则不易发现。有的孩子显得攻击性很强，喜欢惹是生非，你在他身上根本看不见焦虑的影子。一名叫拉尔夫的男孩在学校操场里跑的时候，总会漫不经心地撞到别人，因此给自己招来了不少麻烦。他撞了别人后，却又不愿道歉，这让老师觉得他没有同情心，不关心别人。

我和拉尔夫交谈了几次后，发现他的同情心其实一点儿也不少。他的问题根源在于焦虑。他担心没有人愿意和他玩，因此课间休息时就漫无目的地跑来跑去。他"看不懂"社交情景，无法参与到有规则的游戏中。由于回避与别人的眼神交流，因此他经常会撞到别人身上。当他因伤害他人而被要求道歉的时候，他的社交焦虑就会更加强烈，于是他东张西望，神经质地笑，无法"正确回应"别人的期望。他的沉默与傻笑都会让老师生气，令父母担心。我们总以为焦虑就该是害羞地缩在角落里咬指甲的那副样子，因此面对像拉尔夫这样的孩子，我们很难把他与焦虑联系到一块。其实，这些孩子的行为都是焦虑的表现形式，这能帮我们从根本上理解孩子的问题。下次假如你的孩子做了什么不得体的事，那么建议你想一想：是否有可能是焦虑的情绪在作怪？

焦虑的生理表现

焦虑造成的困扰既有心理上的也有生理上的，这是因为许多生理活动与激素水平及血液流动的变化密切相关。一旦察觉到威胁，我们会立刻做好逃生、反抗或装死的准备。激素和神经递质瞬间产生，为我们带来警觉与力量。一方面，血液涌向心脏、核心肌群和四肢的长肌群，造成心跳与呼吸加速，并伴随肌肉紧绷。可是另一方面，消化系统在此时就显得不那么重要了，控制写字的精细运动能力也可以被忽视。因此，只有少量的血液流向胃、手、皮肤和大脑中与逃生无关的区域，结果，我们出现了胃部抽紧、手脚冰凉、皮肤湿冷等症状，我们还会说话吃力、语无伦次，或丢三落四。

在现代社会里，我们遇到的大多数威胁都不会立刻威胁到生命，因此上述这一连串生理反应对我们没有太大帮助。相反却会产生负面的影响，紧张的神经让我们时刻准备着采取行动，但其实并没有敌人或掠食者在追赶我们，于是，身体的紧张无处释放，结果导致了烦躁、神经质、易怒、冲动等症状，这些都是焦虑造成的痛苦。

孩子若能知道，这些紧张的生理反应是人之常情，那么他会释然并认可自己的感受，而不会以为它们预示着很大的危险，也不会以为自己“有毛病”。他还会明白：紧张过后之所以筋疲力尽，是因为紧张会导致一系列生理上的连锁反应。

焦虑的孩子一定不敢相信，世界上竟然有人会发自内心地享受这些紧张的生理感受。我父亲以前曾是随军心理医生，主要负责治疗焦虑，他的工作之一是面试那些志愿成为伞兵的士兵。关于从飞机上往下跳这种事，我父亲连谈都不愿意谈，可是前来面试的这些人却觉得很刺激、很兴奋。有的人说，他们这辈子从来就不知道紧张与害怕是何物。我父亲问他们是否有过胃部抽紧、手心出汗和心跳加速的反应，他们回答：“哦，是有过。难道说这就是紧张吗？我还以为是兴奋呢！”当肾上腺素进入血液的时候，喜欢刺激的人会说：“我要再来一次！”而容易紧张的人会说：“我要赶紧逃开！”

许多焦虑的人紧张起来的时候，紧张感会持续很长时间甚至经久不息。可是我们的身体仅仅是为短暂的惊吓而设计的，紧张过久就变成了一种折磨。如今我们都已经了解到，相当多的身体和心理问题都是由持续的紧张和压力造成的。

焦虑的连锁反应

焦虑最终会干扰孩子的学习和社交生活，因为他内心充满了各种担心害怕，因此他无暇顾及其他。容易产生社交焦虑的孩子会回避与他人交流，这就造成他在交友方面缺乏锻炼，结果他的社交技巧渐渐落后于其他同伴。由于焦虑，他不看别人的表情，因而会曲解或忽视许多社会符号，结果在行为上变得笨拙而尴尬。

有些人确实乐于一个人待着，但是有社交焦虑的孩子却不一样，他们感到的是孤独和痛苦。他们渴望友情，可是没有能力交到朋友。教导他们继续努力是无济于事的。很多这样的孩子其实已经非常努力了，可是由于信心不足和缺乏技巧而屡遭失败，这让他们觉得继续努力就是自讨没趣。

焦虑会让一个孩子越来越依赖一成不变的生活，或者出现刻板行为。我治疗过一名男孩，他每天晚上临睡前都必须花两个小时来完成一套刻板的流程，他妈妈必须遵照每一个既定步骤行事，否则他的情绪就会激烈爆发并持续好几个小时。

焦虑的习惯行为（如啃指甲或咬衣服）会让自己感到羞愧与尴尬，也会遭到别人嫌弃。有的人之所以有这些习惯，是因为他们感觉极度紧张，需要找个法子安抚自己，让自己冷静下来。有的人则是为了转移紧张感而养成了上述习惯，只要他们忙着啃指甲或咬衣服，就用不着体验焦虑情绪，哪怕有人在旁边看得一清二楚。

焦虑导致的一个核心问题就是逃避，因此人们常说："必须正视你的恐惧。"但这并不表示我们应该强迫孩子与恐惧对抗，尤其在他还没准备好的时候。把孩子驱赶到恐惧里（例如把一个怕水的孩子扔进深水池，告诉他要么沉下去，要么自己游起来），是非常残忍的。这将摧毁孩子的安全感和对成人的信任，结果往往适得其反，让恐惧变本加厉。因此，鼓励孩子面对焦虑时一定要温和适度，并同时用大量的关爱向孩子提供情感支持。

当焦虑的孩子在恐惧面前无处可逃的时候，他会变得非常激动。害怕狗的孩子总会遇到狗；上学的第一天总会到来，不论你准备好没有。很多父母面对这些堆积如山的焦虑，成天疲于应付。有一位妈妈说："有时我们能哄劝她尝试一些新事物，但大多数时候，她都是一副战战兢兢、哭哭啼啼、六神无主的样子。”

安全系统：察觉危险、拉响警报、理性评估、解除警报

用“安全系统”来打比方，可以很好地解释焦虑的产生、持续、释放和结束的全过程。

当婴儿察觉到威胁、危险，或者自己有所需求的时候，他的哭声会引来成人对他进行保护，或者满足他的需求。此时，父母和其他监护人负有两个责任：一是阻止危险或满足要求，二是安抚情绪，帮孩子重新建立安全感。随着年龄的增长，安全系统变得越来越复杂，但是从察觉危险到重获安全的顺序是不变的。

为了体验一下自己的安全系统如何运转，你可以试试下面这个练习。首先，把注意力放在你此时此刻的感受上。做几个深呼吸，什么都不去想。现在，用一分钟来回想过去一个让你害怕的事情，尽量生动地回忆当时的种种细节。我知道这会让你觉得不舒服，但是请仔细感觉你的身体和心情发生了哪些变化。现在，把回忆暂时放到一边，再想想你对未来的担心，想象那件最让你害怕的“万一”的事情真的发生了。

好，现在把这些景象从你的脑海中抹去。深深地、缓缓地吸气，再慢慢地、长长地吐气。保持深呼吸。双手放在小腹上，随着呼吸一起一伏。现在，环顾四周，告诉自己，此时一切安然无恙：回忆再可怕，都已经过去了；想象再恐怖，此刻并未发生。

刚才这个过程中，你感到紧张了吗？放慢呼吸的时候，你感到轻松了吗？如果是，那么你就感受到了安全系统完整的运转流程，它的四个环节是：察觉危险、拉响警报、理性评估、解除警报。

一开始，你的情绪平稳放松。在察觉危险迹象的一瞬间，警报被触发。这个危险迹象可能是一段回忆或是想象中的一幅画面，不一定是当下的威胁。随着紧张感的产生，警铃响起，伴随着各种身体和心理的反应。随后评估机制开始理性地进行分析，以鉴别危险的真假。最后，系统发出安全信号，警铃关闭：一切都好了，我安全了，我能正常呼吸了。

如果刚才的体验启动了你的安全系统，但愿它现在已经重归平静了。身体从高度紧张的状态恢复到平静，从察觉危险到解除警报，往往需要一些时间。焦虑的人总是保持着高度的戒备，而且他的警报器还过于敏感。他们对周遭的评估判断往往有失准确，而且要比一般人用更长的时间去冷静和解除警报。如果你现在还对刚才的体验心有余悸，那就再多花点儿时间让自己冷静下来。放慢节奏，是成功释放焦虑情绪的方法之一。

安全系统的每个环节都至关重要。为了保护自己免受伤害，大脑的某些区域必须时刻防范可能的危险。警报一旦启动，身体必须马上做出反应。也是因此，消除焦虑绝不像吃消炎药那么简单。我们需要安全系统随时高效运转起来，时刻准备好反抗、逃跑或求助——但仅仅是在面对真正的危险时。

我们怎么来鉴别危险的真假呢？这就需要安全系统中具有一个良好的评估机制。对于焦虑的孩子，无论危险是否真的存在，他的评估机制都更容易认为身边确实有危险。也就是前言中所描述的那样，他放眼四周，到处都是惊慌的“第二只小鸡”。普通的孩子更容易做出客观的评估，既能察觉到危险，也能识别安全。在发现没有危险后，他们还能有效发出“解除警报”的信号，从而关闭警铃。

遗憾的是，由于种种原因，安全系统会发生各种形式的故障。有的孩子无时无刻不在探测危险，这既让他无法享受生活，又阻碍了他的日常活动；有的孩子的警报器过于敏感，一点儿风吹草动，哪怕仅仅是一个想法、一种感觉或是计划的一点点变动，就会引发他的激烈反应；而有的孩子解除警报的功能太弱，一旦进入紧张状态，就很难恢复平静。

想象一下这个场景：一个风和日丽的午后，两个孩子，乔治和露比，正享受着一次快乐的林间徒步。突然，他们看见有一条蛇——其实只是一根长得像蛇的树枝。乔治的反应很夸张，他被吓跑了。他的爸爸让他回去再看看，好让他看清楚这只是一根树枝。可是乔治不愿意回去。爸爸生气地说：“你怎么跟个胆小鬼似的，下次我再也不带你出来玩了。”

这里发生了什么？乔治的安全系统中，察觉危险的功能非常完好，马上发现了潜在的危险。紧接着，他拉响了警报，只不过他的警铃声太响太长。虽然警报帮助乔治躲避了“危险”，但很遗憾，他的系统中“理性评估”的机制却运转不良，这一点从他坚决拒绝回头再看看的态度上可以得到充分证明。他无法接收新的信息，从而无法做出更加准确的理性评估，也就无法发出解除警报的指令。爸爸想帮乔治解除警报，但是不管用，因为大脑在拉响警报的时候不愿相信来自外界的安全信号，哪怕信号的来源很可靠。乔治不听劝，无法平静下来，这让他爸爸感到很受挫，渐渐失去耐心，最后变得气急败坏。

乔治的恐惧感一直挥之不去。在后来的徒步旅行中，哪怕是一根小树枝，或是树叶轻微的沙沙声，都会吓到他。乔治的安全系统中，察觉危险的功能实在太敏锐了，拉响警报的功能也实在太强大了，这让理性评估和解除警报的机制永远都没有用武之地。

露比也被“那条蛇”吓了一大跳，只是反应不像乔治那么强烈，她并没有跑开。然而她和乔治一样，一直无法解除警报。尽管她看清了那只是一根树枝，但也没有恢复平静。她忧心忡忡地胡思乱想：“噢，这是根树枝。但是它也有可能是条蛇啊！万一真的有条蛇，我该怎么办呢？”在接下来的路途中，她一直无法让自己放松。后来的好一阵子，她都总是说：“我不喜欢徒步。”尽管她做出了准确的评估，但她陷入了一个怪圈：每产生一个可怕的念头，她的警铃就被拉响一次。

· 察觉危险

几乎是在察觉到危险的同一个瞬间，人就会做出本能反应（大约二百分之一秒），这个速度要比理性思考快得多。恐惧是保障人类生存的最基本功能，因此必须运转得非常快，一秒钟的差距就可能会造成生死之别。假如真是一条毒蛇，当然最好是先跳开，再去一探究竟。

察觉危险的功能，并不是等到危险到来时才开始被动工作。我们每个人时时刻刻都会分出一部分脑力，来进行持续的探测危险的工作。对于大多数人来说，这通常只会消耗一点点脑力。这项工作一直在后台运转，不会干扰其他的正常活动。偶尔遇到较大的危险，它才会提升警戒强度。

放松的孩子会让成人监护者承担起大部分的警戒任务。他会想：“有爸爸妈妈站岗放哨，就用不着我操心了。”所以，当你带着孩子在游乐场上玩的时候，最好放下手机或报纸，别让孩子觉得自己不得不独自应付可能的危险。如果他能确信你是个好警卫，那么他就能尝试更多有惊无险的游戏，并从中获得更多的乐趣。

对于深陷焦虑、担忧或恐惧的孩子，情况正好相反，警戒工作耗费了他们大量的精力。他们甚至会主动寻找理由让自己紧张。阿布 7 岁的时候很怕雷雨，他会一遍又一遍地查看天气预报，甚至天上飘过一小朵云彩，也会让他紧张不已。除了害怕闪电打雷，阿布的生活里充斥着各种各样的焦虑，比如害怕犯错误。他很喜欢画画，但要是纸上弄脏了一小点儿，他就会把整页纸都撕掉，重新再画。阿布察觉危险的功能高度敏感，一小朵云彩、一小块污点，都会拉响他的警报，而且警铃声震耳欲聋。其结果就是阿布会表现出各种各样的焦虑行为。

· 拉响警报

倘若遇上真正的危险，正常运转的警报器会促使我们采取必要的行动：反抗，躲藏，逃生，或者求助。没有危险的时候，警报是不应该响的。然而不管是否真的有危险，只要警报拉响了，就会导致紧张：神经紧绷，容易生气，想要逃避，胡思乱想，心烦意乱。阿布的情况是，一方面警报拉响了，可另一方面危险却并不存在，那么其实他并没什么可反抗的，也没什么可逃避的。每次只要阿布的警报被拉响（这种时候很常见，因为他察觉危险的能力过于敏感），他的反应都会非常激烈。他妈妈说："参加夏令营前，只要看到一片云彩，他就会抱着他的安慰毯，蜷缩着一直哭个不停。他说我不懂他有多害怕，也不懂夏令营对他是多大的折磨。他甚至开始说，他讨厌活着，简直想死掉算了。那时我觉得，我都能听见他的心跳得有多快，都能感到他的身体在颤抖。我真是太难过了！"

从上面这段描述里可以看到，过度拉响警报，会导致各种焦虑症状：生理的不适、心理的痛苦、偏执的想法、紧张的亲子关系。

· 理性评估

阿布喜欢研究那些令他害怕的事物，想以此来减轻恐惧。因此，当他谈起恐龙、恐怖主义尤其是雷雨的时候，简直就是一位专家。但是，有一次阿布看了天气频道关于强雷阵雨的介绍后，结果却适得其反，他更加害怕闪电了，哪怕是在屋子里，也无法消除他的恐惧。这是为什么？为了明白其中的原因，让我们一起来了解安全系统的第三个环节：理性评估。

阿布觉得，看看雷阵雨的纪录片，或许会帮他减轻恐惧。他的想法有一定的道理：精确的信息有助于合理地评估是否真有危险。

但是，电视画面的冲击力太强，让阿布的警报器更敏感了。当他再看见云的时候，就算是远远的一片白云，都会让他在脑海里一次又一次地重播那些恐怖的电视画面。其实，节目中的统计数字表明，灾害性的雷阵雨是非常罕见的。这个统计信息本应缓解阿布的恐惧，但是，感性的视觉冲击远远超过了数字的理性影响。结果，阿布虽然获得了新的信息，但是他的评估机制根本没有机会进行理性分析。在看节目之前，阿布以为只要全家人躲在屋子里就能避开闪电，但他看完节目以后，就连这个慰藉也没了，因此就变得更加害怕。

我认为，近年来焦虑人数飙升的部分原因，就是孩子接触到越来越多充斥着恐怖画面的电影、游戏、新闻和电视节目。这些画面太过血腥暴力，以至于孩子们无法化解紧张情绪，从而造成持续的高度戒备状态，并加大了警报器的灵敏度和反应强度。

在安全系统的整个流程中，阿布被困在了拉响警报这个环节里。警报器本身不具有评估能力，它只知道“熊是危险的”，但无法进一步分辨这只熊到底是站在眼前，还是关在动物园里，或者仅仅是在图画里，或是在脑海的想象中。这就像烟雾报警器无法区分烟和水汽一样。警报器属于情感脑（产生情绪的脑区）的一部分，情感脑的工作依据是想象和情绪波动，而非冷静的逻辑。因此，一只熊的图片完全可能给人带来强烈的情绪波动。

正常的理性评估机制，完全可以区分上述不同场景里的熊，然而阿布的情况却是，他无法让自己在拉响警报后，切换到理性评估的模式。

理性评估的工作属于主宰逻辑、语言分析的理智脑（或者称作思考脑）。评估需要一定的时间，才能确定当下是危险还是安全。一旦得出结论，评估机制会通知警报器，是应该继续警报大作（眼前真有一只熊），还是关掉警报（只是想象中的熊）。放松的孩子能够摆脱警报的干扰，以便进行更准确的评估。而焦虑的孩子却是另一种情形，他们敏感的警报器会阻碍评估的准确性。

事实上，早在我们意识到自己有了一个想法或决定之前，察觉危险和拉响警报的机制就已经本能地完成了应尽的职责。如果你想逃离虎口，早半秒还是晚半秒起步，或许就是生死之别。先跑再想办法是更安全的做法，否则就可能太迟了："咦，这是什么吼声？可能是只老虎？评估一下，也许不是？没错，确实是一只老虎！哎哟，不好！"

但是，我们最终还是需要一个准确的评估机制，哪怕这个机制运转迟缓，慢得就像《思考，快与慢》（诺贝尔奖得主、心理学家丹尼尔·卡尼曼著）一书里所形容的那样。否则，当危险过去（当我们发现毒蛇原来是树枝）的时候，我们依然无法停下逃命的脚步，或者不敢从藏身之处走出来。

正常的察觉、报警和评估这三个环节，应当能够彼此协作，既保证速度又保证准确度。当我们不确定危险的真假时，三者的组合与协调尤其重要。我们需要准备随时做出反应，同时又要收集尽可能多的信息。直到分析完更多更新的信息，理性评估也就完成了任务，并发出信号：继续报警，或者警报有误。但是，在焦虑的安全系统里，很难看到这种有效的团队协作。

大脑里稍显迟缓但更为准确的这个部分，应该负责最终的决定。如果有危险，理智脑就会形成一个有效的应对方案；如果没有危险，理智脑会告诉情感脑要冷静下来。

然而对于焦虑的孩子，负责最终决定的却是他那一触即发的警报器。紧张的情感脑还会告诉理智脑：我早就知道我很危险，你不必费心去判断了！没有理性的评估，恐惧和焦虑就会继续成为主宰。因此我们就能明白，为什么焦虑的孩子会觉得危险无处不在，为什么他们拒绝别人的安慰，不相信安全的存在。

尽管外界提供了足够的客观信息，例如“这只是树枝而不是蛇”，焦虑的孩子还是会把注意力聚焦于自己内心的想象和画面，它们就像一段段视频，不停地自动回放。乔治和露比所注意到的，不是眼前的树枝，而是脑海中想象的蛇。最让父母感到无奈的，就是孩子无法摆脱恐怖画面的自动回放，看不见现实，也听不进劝解。

理性评估机制其实对危险有着非凡的鉴别能力，但假如焦虑导致整个安全系统排斥新信息，那么理性评估也只好爱莫能助。

成见，也会干扰评估的准确性，使焦虑挥之不去。

从我记事的时候开始，我就害怕蝙蝠。十几岁的时候，有一次我走过一片田地，几只“蝙蝠”突然朝我冲过来。我吓得拔腿就朝附近的房子跑去。后来我才知道它们其实是燕子。当时光线昏暗，这些燕子飞得太快，我又害怕得不敢细看，因此误以为它们是蝙蝠。但是我对蝙蝠的害怕并没有到此为止，更糟的是，我开始怕起鸟来。在这里，害怕的情绪来自成见而非现实。

成见是很难被改变的，尤其是与恐惧相关的成见。容易紧张的孩子也比较容易对周遭事物产生恐惧的成见。幸运的是，比起成人，孩子的成见更容易发生改变。

当评估机制无法辨别安危时，它会从生理反应中寻找线索：如果我的呼吸缓慢而平静，那么我一定是安全的，因此也可以解除警报了。这就是为什么练习放松的技巧能够同时放松我们的身体和心情。主动地、有意识地让自己放松，可以轻轻地推动评估机制，让它步入正轨，让我们成为自己的“镇定的第二只小鸡”。

反过来想，如果我的心跳在加速，那一定是有原因的，对吗？这听起来很有道理，但其实未必正确。即使现实中风平浪静，焦虑的人也会经常感到不安，他们的警报器动不动就会铃声大作，而评估机制又会以警铃为依据，误认为真的有危险。

如果乔治知道，他的安全系统有故障，总是发出错误的警报，那么他可能会这样想：我害怕了，因为可能会有蛇，那么现在我需要确定，是不是真的有蛇。由于我们具有自我观察的能力，因此治疗焦虑的一个简单常用的手段就是告诉自己：我的心跳得很快，我的手在出汗，这是因为我紧张了，而不是因为我遇到危险了。我把这种技巧称作“有惊无险”。对于焦虑的孩子来说，认识到有惊无险，便是突破性的一大进步。

· 解除警报

害怕、焦虑和担心，在我们的生活中发挥着重要的作用，但是一旦危险过去，或者查明警报有误，我们就要想办法关掉警报器。这就像火警响起，可是我们发现并没有火灾，就需要关掉警铃，重置警报器。一个关不上的警报器，比哑巴警报器好不到哪里去。设想一下，假如学校或公司进行火灾逃生演习，可是却总是没有解除警报的信号，那么大家就只好一直待在外面，不知道什么时候才可以安全返回。

对于普通的孩子，父母三两句温柔的劝慰就是安全信号，就能够帮他解除警报。只要爸爸妈妈说：“宝贝你看，这只是一根树枝。”孩子自身的理性评估和解除警报的机制就能够完成后续的工作，使身心再次放松下来。我把这个过程称作“重置安全系统”。

焦虑的孩子就是另外一回事了。他的警铃太响、太执着，安全系统根本无法得到重置。劝慰根本没用，甚至会遭到愤怒的拒绝。本来，父母希望孩子一听说“这只是一根树枝”，紧张感就会马上消失。但事实是，我们无法跳进孩子头脑中的安全系统，替他发出安全信号。只有孩子自身发出的安全信号才可以解除警报。我们就算提供再多的安慰、保护和提醒，孩子也必须靠自己来做出评估，从而完成“解除警报”这个最后的环节。

有一个容易产生分离焦虑的孩子，当妈妈不在身边的时候，她就会惊慌失措。她的警报拉响后惊天动地，保姆百般安抚都无法让她平静。具有安全感的孩子会这样安慰自己：我不会有事的，虽然妈妈不在身边，但她很快就会回来。而她却不会这样想。由于无法解除警报，她拒绝任何人的安慰，她忘了妈妈其实每次都会回来，也忘了保姆其实也是自己喜欢的人。

焦虑的孩子只会看见眼前的各种危险，很难从以往的经历中吸取经验。正如一位妈妈所说：“我真搞不懂，芭蕾课都上十二次了，每次上完课她都很开心。可是下个星期去的时候，她又会紧张得像是第一次上课似的。”每上一次课，这个孩子就要与恐惧做一番斗争，直到警报最终解除，她才会好好上课。但是在重置安全系统的时候，这个让警报解除的信息（芭蕾课是安全的）却并没有被记录下来。因此，下次芭蕾课开始前，她那过于敏感的警报又会被拉响。对于普通孩子来说，生活则要简单得多，他们在一次次重置安全系统的过程中，会逐渐建立并加强基本的信任与安全感。

焦虑的孩子处在高度戒备中，他的警报一触即发，拉响后惊天动地，很难被重置。他回避一切可能引起恐惧的事物，这意味着他失去了很多磨炼评估能力的机会。他的解除警报机制无法发出安全信号，或者信号太弱，即使发出也被淹没在尖锐的警报声中了。

当父母和孩子理解了安全系统的各个环节，即察觉危险、拉响警报、理性评估、解除警报，那么对于焦虑和害怕也就有了更强的掌控力。这种理解会给你和孩子带来共同语言，你们不必争吵也不用发泄，可以坐下来一起谈谈焦虑和安全系统。这种共同语言会为一个家庭带来巨大的转变。

以前，每当卡洛斯感到紧张害怕的时候，他的父母都会数落他：“你怎么总也长不大似的，这点小事有什么可怕的！”这只会让卡洛斯感到难堪，而不会减少他的焦虑。冷落或嘲讽，从来都起不到任何积极作用。在一次家庭会议后，情况开始转变。那次会议上，我和卡洛斯全家一起讨论了安全系统的每个环节，还为各个环节起了特殊的名字。之后我又私下叮嘱卡洛斯的父母，以后孩子害怕的时候，千万别再奚落他“长不大”了。

后来，卡洛斯的妈妈来信告诉我事情的进展：

“卡洛斯现在害怕的时候，我们会问他：‘你觉得有什么不对劲吗？警报器响了？你的身体什么地方觉得不舒服？’卡洛斯真的会顺着这些问题去思考，接着会告诉我们他的感受。这真是个奇迹！你知道的，以前我们根本不能触碰这个问题，一谈起来，他就会尖叫着让我们闭嘴。现在，我可以说：‘我们一起去找找，看看危险躲在哪里。’你把这个阶段叫作理性评估，我们给它起名叫‘寻宝大冒险’。一旦他渐渐冷静下来，我们就说：‘我好像是听见安全信号了，但是我不太确定。你听见了吗，卡洛斯？’”

在我看来，这个奇迹就是亲子间相互理解、共心共情的力量。

紧张的根源

紧张并不是均匀地分布在每个人身上，有的人多一些，有的人少一些。或许因为人类是群居动物，大自然才会做出如此安排。每个群体中固然需要有探险者，但也需要有谨慎者，因为需要有人搞清楚那些看上去外表鲜亮的果子会不会有毒，或者察看登门造访的到底是朋友还是敌人。遇到风险时，谨慎者会先躲起来，然后从藏身之处探出头，观察风险带来的是机遇还是灾难。要是大事不妙，这些谨慎者至少能活下来，把故事讲下去。悲哀的是，这个社会并没有充分认识到我们这些谨慎者的贡献，而把大多数光环都授予了开拓者和探险者。（另一个悲哀则刚好相反：假如一个孩子喜欢冒险，那么他就常常会被贴上“多动”“鲁莽”“逆反”的标签。）

过度紧张（也就是焦虑）的来源有：先天特质，心理创伤，苦难的经历，父母焦虑的影响，以及现代社会的压力。遗传也有一定影响，许多焦虑的孩子都有焦虑家族史，只是具体的表现形式会有所不同。

先天特质是一个人与生俱来的、与外界环境互动的风格，也可以说是人格的生理起点。先天特质不会决定人一生的走向，但会让人更容易朝某些方向发展。这就好比是身高与打篮球的关系。高个子的人未必篮球打得好，有些矮个子很会打篮球，但是大多数的篮球明星都是高个子。

杰罗姆·凯根是哈佛大学的一位心理学家，他对先天特质进行了大量的研究。他发现，约有 10%~20% 的人天生会对不熟悉的事物反应敏感。面对陌生的人或地方，他们要比常人花更多的时间才能获得安全感。针对这种特质，凯根长期跟踪调查了一组人，从他们还是婴儿开始一直到长大成年。研究发现，这些人不太可能成为激进冒险分子，而更有可能变得焦虑。但是，并非所有这些有倾向的人都变焦虑了。

为什么婴儿期的小小差异在某些人身上经年累月就会升级为害羞、胆怯、拘谨和焦虑？原因就是逃避。高度敏锐的察觉机制和警报器会导致超敏的孩子回避新事物。孩子只有在接触并熟悉新事物的过程中才能提升安全感，而一味逃避则使得安全感无法形成。凯根发现，如果父母帮助这些孩子学会应对新事物的技巧，孩子就不那么容易产生焦虑。如果父母过度保护，总是帮孩子逃避任何可能吓着他们的事物，那么孩子就比较容易产生焦虑。逃避阻碍了实践经验的积累，而良好的理性评估和解除警报机制又必须有实践经验的支持。

孩子需要挑战，但对于先天容易紧张的孩子，挑战必须“恰到好处”。我们必须允许他们失败（只要失败不会造成危险）。有些孩子的焦虑确实是因为遭遇了太残酷的挑战，比如虐待或忽视。然而还有另一些孩子，他们的焦虑却是因为挑战不够而造成的。孩子在学走路的时候，他会跌倒爬起，再跌倒再爬起，直到找对感觉。假如在孩子每一次摔倒之前，我们都上前搀扶一把，那么他在这个世界上就享受不到独立的快乐。学校老师曾告诉我，如今有越来越多的父母帮孩子写作业，或者帮他们找这样那样的借口。我甚至听说，有个年轻人求职面试的时候是跟着妈妈去的。

一次较大的心理创伤或者较小的惊吓多次积累起来，都可能使任何孩子（不管先天特质如何）变得焦虑。受虐待或者身受重伤这样的极端事件会彻底破坏儿童的整个安全系统。因此，“创伤后应激障碍”（PTSD）的一个主要症状就是过度警觉—— 一种持续的高度戒备状态。心理创伤将警报器的开关锁定在“开”的位置上：这个世界太危险。带着这种观念，评估系统还没开始工作就被叫停了，即便工作了，评估的结论也还是“确实有危险”。由于没有准确的理性评估，警报根本就无法得到解除。

曾经遭遇大人背叛的孩子，会更加坚定地认为这个世界处处有危险，因为孩子的信任被摧毁了，而信任是安全感的最基本元素。

即使惊吓的程度不那么严重，但如果积累多了，尤其是一个又一个接二连三，孩子尚未从前一件事中恢复过来，后一件事又接踵而来，这样的话也会造成警报器过于敏感、解除警报机制失灵。很多孩子焦虑的原因，要么来自父母生病、抑郁或经常争吵，要么是因为频繁搬家、疲于应付生活的重大变化。失去双亲之一的孩子经常会感到深深的恐惧，担心失去剩下的另一位亲人。而遭受过家庭暴力或社区暴力的孩子也容易变得高度紧张，只不过他们也可能会装作嚣张跋扈的样子，来掩饰内心的焦虑。

我想重点谈谈焦虑的父母。

在童年焦虑的形成中，先天特质和心理创伤确实扮演着两大重要角色，然而我们必须面对一个事实：父母制造了非常多的焦虑。焦虑的孩子往往出自过分保护或神经紧张的家庭："小心点！""你还好吗？真的没事吗？"焦虑是一种会传染的情绪。看见父母提心吊胆地过日子，孩子自己就会产生焦虑。从父母那里，孩子学到了时刻高度戒备，其警报器变得过于灵敏，评估机制更倾向于得出危险的结论，解除警报的信号迟迟不能发出。

原来我也是一个对孩子过度保护的父亲。在女儿 3 岁的时候，我开始有意识地改变自己。有一次，艾玛高高兴兴地在操场上爬栏杆，我很不高兴地站在下面朝她喊："小心点，小心点！"一个朋友随口说道："知道吗，莱瑞（我），胳膊断了能很快康复，可是要想从胆怯和不自信中恢复过来，就没那么容易了。"当时我觉得他的话很偏激，真想找个有力的理由来反驳他，但是我没找到。我自己便是这样，花了很长的时间才从胆怯和不自信中恢复过来。因此，我决定信任艾玛的能力，鼓励她去冒险，而不是没完没了地替她担心（她会告诉你，我还是在担心个不停，但是我发誓，我已经尽可能放手了）。我还逼我自己去尝试冒险。虽然我并不是那么享受攀岩运动，但我做到了！

回首自己的经历，我发现过度保护并不能保证艾玛的安全，只会加剧她的警报、阻碍她的评估力、破坏她的安全信号，这些都完全背离了我作为一名父亲的初衷。

希瑟·舒马克著有一本观点极具挑战性的书，叫《不分享，没关系》。书中针对"小心点"这句常见的父母口头禅进行了批判。对于过分谨慎的家庭教育，她写道："没有提供任何切实的帮助，只会加重普遍的焦虑感，导致孩子逃避风险，不再尝试新事物。"舒马克建议，不要把我们自己的担心一股脑儿倒在孩子身上，而应该去问孩子："你觉得安全吗？"这个提问会"促使孩子自主分析当时的情况，帮助他感受到内在的警告信号"。当然，不管孩子做出怎样的回答，我们都必须信任他。

造成童年焦虑还有很多其他因素。

其中一个因素是：想说什么却说不出口，感觉到什么却没有机会表达。我认为，焦虑之所以时常引起胃部、胸部或喉咙的不适，就是因为话语和感受全都卡在那里，进退两难。我们努力要把那些想法和感受扔到一边，但它们总是又回来了。那些无法表达的感受，那些欲说不能的话语，是不会自动消失的。想想我们自己小的时候，是不是有些重要的想法从来就没机会说出口？是不是有些感受从来就找不到可以分享的人？

当代社会是焦虑症流行的罪魁祸首，这一点毋庸置疑。晚间新闻有时就像是特意为制造焦虑而设计的。最近我在网上看到一则新闻，主标题是"伤害婴幼儿的五大潜在危险"，副标题是"你可能从未留意过的"。到现在我对这五个危险都记得一清二楚。商业广告会经常给人们制造一些新的担心，然后为了消除这些担心，向我们推销新的商品。

同时，现代文化推崇的是冷静，要求我们每个人在任何时候都要表现得很"酷"。就像止汗剂广告语所说的："别让人发现你出汗了！"这种不现实的要求只会制造焦虑，因为它干扰了情绪的合理释放。现在仍然有很多孩子被要求"不许哭""不许生气"，或者"回自己房间去冷静冷静，不生气了再出来"。结果，有些孩子由于产生了一些再自然不过的情绪（如嫉妒兄弟姐妹、生父母的气、性欲等），而感到很紧张。

如果孩子的感官系统异常，也会产生焦虑。他们会经常觉得环境让他们很不舒服。例如，触觉超敏的孩子可能会在碰到某种布料时，觉得皮肤就像要炸开一样。听觉超敏的孩子会觉得充斥教室的只有刺耳的噪声。很多患有自闭症的孩子之所以非常紧张，相当一部分原因就是他们有一个特殊的大脑，而身边的世界又只是为普通大脑定制的。

假如孩子患有较严重的疾病或有生理残疾，那么父母很容易会过度保护，而孩子也很容易认为“这个世界不安全”。医院的检查和治疗很可能会让孩子感到恐惧，尤其是在与父母分开，或者被强行按住的时候。某些病症，例如哮喘会造成孩子呼吸困难，这就很可能引发恐慌，而这种恐慌会遗留很久，并发展成为焦虑。

重置安全系统

在成长期间，孩子如果能够免受焦虑的困扰，那么他们察觉危险的机制就会敏锐但不神经质，警报清晰但不会没完没了，评估机制理智而准确，解除警报时果断且自信。对于尚未达到如此平衡的孩子，我们需要帮助他重置安全系统。

焦虑的孩子会花费很多时间来“站岗放哨”，以防备潜在的危险。为了帮助孩子从高度戒备的状态中放松下来，我们可以和他一起玩夸张的表演游戏。我初次见到布露珂的时候，她很容易慌张，特别是在生活常规被打乱以后。她反复问妈妈同样的问题，即便得到了回答也还会问个不停。她的妈妈布兰达因为疲于应付这种状况，常常失去耐心。当我问布兰达给过孩子哪些帮助的时候，她想了想，说：“我告诉过她，要放松，没什么可担心的。我还试过和她一起玩贴纸游戏。不过要是这些方法真的管用，我现在也不会坐在你这里了。”

布露珂非常喜欢假想游戏，所以我鼓励布兰达和她玩“鸭子警卫”的游戏。布露珂很喜欢我办公室里一只傻乎乎的布鸭子，我便把它借给了她们。我建议布兰达假装鸭子是一名警卫，对工作认真过头，但是又非常胆小，什么都怕。布兰达问我具体该如何扮演这样一个鸭子警卫，我说："你们回到家，自然就会有办法了。"

她们成功了！

布兰达拿出布鸭子，用滑稽可笑的语调自言自语道："我得守着这个谷仓，保卫这里的安全。听说附近有几只坏狗狗。"看着妈妈拿着布鸭子摆出超级勇敢的架势在房间里来回巡逻，布露珂咯咯直笑。突然，鸭子看见一只巴掌大的毛绒狗，吓得大叫一声，仓皇逃跑。这一幕当然都是妈妈表演的，布露珂哈哈大笑，更开心了。随后布露珂也加入进来，拿出她所有的毛绒狗，痛痛快快地"欺负"起鸭子来。一段时间之后，游戏得到进一步发展，布露珂想出了越来越多的招数来吓唬鸭子，而鸭子则一边自吹自擂说"我什么都不怕"，一边又笨头笨脑地连躲带藏。

后来，布露珂又为游戏加入了一个新的变化：小狗们开始勇敢地保护自己，同时还保护鸭子警卫。以前，游戏中任何假想的危险，都会让她真的害怕起来，现实生活中就更不必说了。而现在，她可以在假想游戏中创造各种疯狂的危险。当鸭子吓得东躲西藏的时候，小狗们总能最终拯救世界。在玩了几个星期这类游戏之后，布露珂的高度戒备状态明显好转，也能够更好地面对日常生活中的变化了。

一本正经的传统说教无法解决的问题，却在一个充满笑声的傻傻游戏中解决了，这让布兰达感到惊讶。其实，表面上傻傻的游戏，却具有游戏力所必备的三个关键要素：联结，妈妈用游戏的快乐方式与女儿重建同盟，一起面对共同的困扰；笑声，她们共同度过了许多愉快的时光；角色置换，使布露珂在游戏中找到强者和勇敢者的感觉。

我常常和胆小羞怯的孩子玩另一个游戏，叫"我不敢看"，这是我从

“携手亲子”的创始人帕蒂·惠芙乐那里学来的。在一次主题是追逐打闹的家庭活动中，我在 6 岁的男孩大卫身上用到了这个游戏。大卫总是迟迟不愿效仿我做的各种动作，只是在一边看着其他孩子玩。他爸爸多次哄劝他加入游戏，但却徒劳无功。我看到他爸爸快要失去耐心了，于是走过去说：“大卫，千万不要走路啊！”大卫不明白我是什么意思。我接着说：“我不敢看人走路。走路太危险了，会一屁股摔到地上！”在说最后半句话的时候，我压低了声音，假装一副惊恐万状的样子。

大卫当然知道下一步怎么做。他故意在我面前走来走去。“天哪！不不不！”我尖叫道，“我不敢看！”我用手捂住眼睛。大卫说：“看我看我！”他在地垫上翻了个跟斗。我假装更加惊恐地哀号起来：“还翻跟斗？这怎么可以！大卫爸爸，你看见了吗？”大卫的爸爸也心领神会，他自豪地说：“大卫会翻跟斗，还会空翻，想怎么翻都做得到！看好戏吧！”

我嚷了起来：“不要，求你啦！一看见他走路我就会不停地发抖，要是他摔倒了，那可怎么办呀？”大卫一心想要“吓唬我”，做了一个又一个高难度的动作，包括之前他不愿效仿的那些。

玩这个游戏有一个重要原则：我会非常小心地避免大卫产生被人嘲笑的感觉，因为这个游戏的目的是让他感受到力量，而不是羞辱。

在明白“解除警报”的重要性后，我曾发明过一个游戏，叫“海边安全了吗”。游戏时，我会夸张地藏在某件家具的后面，或者缩在被单里，然后我悄悄问孩子：“海边安全了吗？”我说我被吓坏了，而吓到我的东西却很离谱，要么是最平淡无奇的小东西（比如小玩具狗），要么是现实中绝不可能出现的（比如海盗）。不要选孩子真害怕的东西，否则游戏就不再是游戏，而会真的吓到他。

在这个游戏里，我变成了一个过度敏感、响个不停的警报器，而孩子则扮演解除警报的角色。等到孩子向我保证海边安全了，我就从藏身之处慢慢出来，可不一会儿又被某件新的东西吓到了，比如一支铅笔："天哪！不！海盗刚才肯定来过这里，这是他们画藏宝图的铅笔！"紧接着我又飞快地缩回到被单里。孩子们最终说服了我，让我明白一切都很正常、很安全。在游戏里，孩子一次又一次地演练解除警报的角色，这个过程为现实带来了神奇的效果：他们内在的解除警报的能力也增强了。当然，有的孩子并不来劝慰我，他们更愿意找到越来越多的东西来吓唬我。然而结果是一样的：游戏带来笑声，笑声减缓恐惧。

紧张和焦虑，其实始终伴随着孩子

几乎没有哪个孩子在成长中不曾产生过担忧或焦虑。1~2 岁的婴幼儿常常在以下情况中产生焦虑：亲子分离，独自一人，噪声太大，突发事件，陌生人或陌生环境。

2~4 岁的孩子除了上述焦虑外，还会害怕动物、洗澡、想象中的怪兽，以及死亡。如厕训练可能会引起孩子对生理功能的焦虑。严厉或反复无常的规则可能会导致孩子害怕犯错误，或者因为自己的本能感受而紧张焦虑。

4~6 岁的孩子常常会对更多的情境产生焦虑，如：暴风雨、战争、医生（尤其是牙医）等。在这个阶段，孩子还不能很好地区分梦境、幻想和现实，这也会加重他们的焦虑。对他们来说，动画片里的暴力或者昨晚的怪梦，就像真实发生在身边一样。社交焦虑在这个年龄更加明显，因为这么大的孩子会更加迫切地想要跟别的孩子互动。在这个阶段，容易紧张的孩子可能会出现行为退步，例如夜里尿床，甚至白天大小便失禁。

再大一些，到了 6~11 岁的时候，孩子除了上述各种焦虑之外，还会增加与上学有关的新烦恼：迟到，忘记写作业，担心考试成绩，被人欺负，等等。他们还可能担心老师对自己失望或者生气。这个年龄的社交焦虑可能会加重，包括害怕同龄人的排斥或嘲笑。这个时候的孩子通常开始恋家，因为离开家门的时候越来越多。他们还可能开始害怕细菌、小偷、劫匪和恐怖分子。在这个年龄，道德感迅速发展。假如道德感过于强烈，那么孩子会因为自己产生了某些“邪恶”的想法或者“禁忌”的欲望而紧张不已。健全的道德教育应该让孩子明白，任何想法和感受都是可以被理解的，而严苛的道德束缚却会逼得孩子为了表现得正常而内心充满焦虑。有些容易紧张的学龄孩子表现得过于乖巧，他们觉得自己必须完美，绝不能犯一点点错误，绝不能给父母或朋友惹一点点麻烦。

青春期的焦虑又多了一个：自我的存在价值。哪里是适合我的位置？生命的意义何在？何处是我的归属？有些孩子有时会茶不思夜不寐，满脑子都是这些疑问。此外，青少年不得不面对很多现实问题，比如吸毒、酗酒、恋爱、性行为，以及和父母之间的冲突，这些都会造成他们的紧张焦虑。

焦虑的缘起，可以列出一张长长的清单。事实上，童年焦虑是很普遍的，因此也可以看作是一件正常的事情。然而，不管焦虑是多么普遍的现象，它都会带来痛苦——有时是极度的痛苦。

当孩子感到焦虑，无论是轻微还是严重，也无论对于他的年龄是否正常，只要我们能怀着一颗共情之心，去理解焦虑对身体、情绪、思想以及行为的影响，我们就一定能帮助孩子克服焦虑。

本章要点

- 焦虑的原型——紧张，是有其好处的。健康的心理、成功的人生，乃至死里逃生的能力，都必须具备适度的紧张情绪，因为它能驱使我们避开危险，积极行动，使身心达到最佳状态。完全的放松不利于考试或跳水，因为这类活动需要全神贯注。只有当一个人过度紧张或者总想逃避的时候，它才成为一种危害。
- 用“安全系统”来打比方，可以很好地解释焦虑的产生、持续、释放和结束的全过程。安全系统有四个环节：察觉危险、拉响警报、理性评估、解除警报。当父母和孩子理解了安全系统的各个环节，对焦虑和害怕也就有了更强的掌控力。这种理解会给你和孩子带来共同语言，你们不必争吵，也不用发泄，可以坐下来一起谈谈焦虑和安全系统。这种共同语言会为一个家庭带来巨大的转变。

第2章

共心共情，养育自信

邻居家的院子里拴着一条爱叫的小狗，我和儿子每次散步经过时，他都非常害怕。以前，我总是不假思索地劝他："怎么啦！没事的，狗被关在院子里出不来的……"但后来我发现这样说根本没用，因此我现在会这样说："是啊，我知道你怕狗，来，爸爸拉着你的手。"

—

弗瑞德·罗杰斯转述一位爸爸的故事

在女儿极度紧张时，对我们最有帮助的办法就是：倾听，倾听，倾听。

—

一位英国妈妈

“忧天小鸡”的麻烦

童话故事《忧天小鸡》中，一个橡果砸在了一只小鸡的脑袋上，由此，小鸡认定天要塌下来了。恐慌传染给了农场和森林里的所有动物。最终，动物们找到森林之王狮子。狮子告诉大家，那不过是一个橡果，然后让动物们各自回家了。

我很不喜欢这个故事！

“害怕”的本能，居然被当成了一个笑话——“那不过是个橡果”，小鸡和其他动物们也因此被嘲讽。在我看来，对危险保持警惕并没有什么错。如果有人突然害怕起来，那也许他确实发现了别人没有发现的危险。事后的反思有时确实必要，但在此之前，我们必须对危险有所警觉。

不过这个故事也有好的一面。起码它能帮我们更好地理解上一章中“安全系统”的概念。孩子内在的“报警器”和忧天小鸡十分类似，他还无法分辨真实的危险和想象中的威胁。仅仅是头脑中的想象就会引爆紧张情绪，其程度之激烈和“天要塌下来”所引发的恐惧并无二致。忧天小鸡和她的朋友们缺乏的是安全系统中的“理性评估”。也就是说，他们无法冷静下来。如果他们仔细想想眼前的状况，就会发现也许并没有那么危险。

这个故事还向我们展现了紧张情绪具有多么强的传染性。最后，毋庸置疑的一点是，这个故事带给了孩子们很多笑声。我想，孩子们之所以大笑，是因为与那些被橡果吓傻了的小动物们相比，自己显得勇敢和聪明多了。

我在前言中提到的“镇定的第二只小鸡”是父母们更应效仿的榜样。当一只小鸡吓呆时，它会通过捕捉周围的信号来评估：现在是安全还是危险？如果发现其他小鸡也在害怕，它就会继续僵固在恐惧情绪中。相反，如果它发现另一只小鸡正四处走动，它也很快会“自我解冻”，变得活蹦乱跳起来。以它的理解，如果另一只小鸡害怕，就表明周边有危险，而如果不害怕，则表明周边很安全。所以，作为父母，我们的一个重要角色就是，在容易紧张的孩子面前充当“镇定的第二只小鸡”，引导他冷静下来。

这可不是一件容易的事！

首先，你自己可能就是容易紧张的人，孩子过度的紧张也很容易把你拖向无力、挫败甚至愤怒的深渊。当你好不容易冷静下来之后，孩子却可能根本没有留意到你的冷静。你也许还向孩子保证过无数次“没事的”“没什么可害怕的”……以便让他安心。你甚至颇费心思地尝试过奖给孩子小贴画或其他东西，以鼓励他大胆尝试或者自我挑战一下。另外，在求助于专业人士或书籍之前，你多半像大部分父母一样，尝试过通过利诱、威逼、惩罚，以及气急败坏的吼叫想镇住孩子。我完全理解这一切，眼看着心爱的孩子被困在负面情绪中，自己却无能为力，这确实太痛苦，更何况被影响的不仅仅是孩子，而是所有家庭成员。

但是，绝不要放弃希望。

你无法改变孩子的基因，也无法改变自己的。你选择不了孩子的先天性格，也选择不了自己的。你无力挽回曾对孩子犯下的一些错误，同样也挽回不了自己童年的遗憾。

不过，这些都没有关系，学习更有效地帮助孩子从任何时候开始都不晚。你仍然有机会让孩子变得平静、自信、能够应对问题。你完全可以根据孩子的个性和需求来定制自己的“养育方式”，你甚至有机会在这个过程中处理自己的焦虑。你可以学会更好地回应孩子的焦虑情绪，并借此重置孩子的安全系统，以及你自己的安全系统。

共情：不可或缺的第一要素

我们要做的第一件事情就是：共情（empathy）。

在孩子心中，究竟是什么让他如此不安？

没有共情，我们很容易对孩子的恐惧不以为然。我们的初衷是想安抚孩子，帮他平静下来，减轻他的痛苦，但是如果无视孩子的恐惧，孩子就很容易感到被蔑视。下面这些话经常从我们嘴边冒出来，都会让孩子觉得被轻视、被否定：

“你这样多傻呀！别这样了！”

“没什么好怕的！”

“你怎么会怕那个呢？”

“小小孩才这样呢！”

“告诉你多少次了，没事的！”

“你看，别人都不怕！”

“快点呀，有什么大不了的！”

“我都说了我很快就回来，不许哭了！”

“你看，什么事都没有吧！我就说你是瞎担心。”

“如果你一直躲在我身上，那咱们就回家算了。”

与上面的话相反，基于认可与共情的安慰是这样的：

“天啊！太可怕了！”
“你好像有点害怕，要不要抓着我的手？”
“如果我做了那样的噩梦，肯定也会害怕的。”
“每个人都有害怕的时候，大人也一样。我也会害怕。”
“是啊，你今天真想和妈妈一起待在家里。”
“要不要妈妈陪着你玩第一次？”
“现在虽然没事了，可是刚才真的很担心，对吧？”
“你可以一直和妈妈待在一起，等你准备好了，再过去加入他们。”

可是有时候，孩子的担心就是很荒唐啊！确实，“床底下有怪兽”肯定不是真的，但是，孩子害怕的感受却是真实存在的。假如我们嘲笑孩子，那只会使事情变得更糟，而共情则会为孩子开启一扇积极解决问题的大门。

温达的儿子德鲁害怕晚上睡觉，因为“房间里有恐龙”。温达无数次解释和保证“绝对没有恐龙”，但德鲁的恐惧却丝毫没有减少。后来温达放弃劝解，转而去倾听。温达告诉我：“原来，让他害怕的是墙上的一个影子。我陪他躺在床上，真的看见一个很像恐龙的影子。于是我给他解释了‘那只恐龙’是怎样由光的投射形成的，然后我又问他怎样才能不让影子那么像恐龙。他建议改变一下光源的方向。他当然是对的，‘影子恐龙’从此消失了。”

这就是一幅母子共情的完美画面：妈妈躺在儿子身旁，从而用儿子的眼光看看周围的世界。

我们必须用共情面对孩子“不切实际”的恐惧，还有一层原因。

从表面上看，孩子害怕的是一些不真实、不存在的东西。然而，真正让孩子担心害怕的东西却深藏在他的内心，无法用言语表达出来。如果我们总是无视和否定孩子“不值一提”的担心，那么孩子就不可能与我们分享他心里更深的恐惧。

对任何人来说，只有在确认对方真心倾听的情况下，他才愿意袒露内心。

如果一个人心里藏着连自己也不明所以的恐惧，就会变得非常不安。童年的恐惧就是这样，它总是远远超出孩子的语言表达能力：有的孩子担心父母会死去、生病或者离婚，有的孩子害怕暴力，有的孩子担心自己的某些愿望或感受会带来可怕的后果。当孩子无法说清楚这些深层的恐惧时，就会把内心隐隐的不安全感投射到更加具体的东西上，比如床底下的怪兽。

不管孩子表达出来的恐惧是多么“荒唐”，都不要轻视或者不理睬他。只有站在孩子的角度上，才可能察觉他的心中是否藏着其他更深的恐惧。正因为这些深层恐惧的存在，无论我们多少次打开手电筒，让孩子看到床底下除了灰尘和袜子之外什么都没有，也依然无法消除他对床下怪物的恐惧。无视孩子看似荒唐的担心，会让孩子误以为爸爸妈妈也会排斥自己心里更真实的那个恐惧——那个因为过于害怕而无法说出的恐惧。

黑暗和孤单是童年恐惧的两个最常见的根源。很多孩子害怕睡觉，正是因为害怕黑暗和孤单。我们总是不理解这种担心，因为在我们看来，孩子是绝对安全的。可是，大人眼中的“绝对安全”却丝毫不能安抚恐惧中的孩子。他们最需要的是爸爸妈妈接纳自己的恐惧感。只有联结和接纳，才能真正让孩子安心入睡。

回想一下：我们曾经多少次告诉孩子，他是在瞎担心呢？我强烈建议父母，不要再用裁判的方式来对待孩子的恐惧。任何恐惧都是真实而有效的，因为那是真真切切与孩子纠缠在一起的感受。当然，改掉“裁判”的习惯相当困难，我们已经太习惯于立即做出判断：这个恐惧是合理的，那一个却没道理。

下面是一个妈妈放弃“做裁判”的故事：

“我 4 岁的儿子一度为海啸而不安。刚开始我并没有当回事，直到他说他不要去夏威夷度假，我才明白他是真害怕。他的逻辑是：‘夏威夷是活火山，火山爆发可能引发地震，而地震又可能引发海啸。到那个时候，我们怎么办呢？难道躲进火山口？所以最好就别去那种地方。’我向他解释：‘那种可能性很小，不用担心！’可是根本没用。后来，还是倾听产生了效果。我让他尽情地倾诉自己的担心，然后我向他反馈我对他的感受的理解：‘原来你觉得这么可怕呀！’这样，他完全没有被嘲笑、被轻视的感觉，而是在联结中体会自己的担心、恐惧和焦虑。坚持这样倾听并不轻松，因为对我而言，那个担心确实没有必要。因此我必须不停地提醒自己，尽管自己认为没必要担心，但是对孩子来说，害怕就是他心里的真实感受。”

感受，无法用“应该或不应该”来评判。只有当我们放弃这种评判，才能与孩子达到更深的共情。面对孩子的感受时，我们不必感同身受，只要倾听就够了。即便我们并不觉得有什么可怕，但是“我知道你吓坏了”这样的回应也绝不是虚伪。而如果我们说“别傻了！这没什么好怕的！”，孩子就会认为我们没有足够的警觉，不能提供足够的保护，因而也就会失去对我们的信任。最终，他只能靠自己来继续保持戒备。当孩子感觉不安全时，试试说“请允许我来担任你的保镖”，而不要一再强调“你很安全”。

容易紧张的个性还会让孩子对“变化”异常抗拒。

这种抗拒常使父母非常恼火。因此，耐心是保持共情的关键。我曾经问过一位非常有耐心的朋友，面对高度紧张的孩子，她怎么能有这么大的耐心。令我惊讶的是，从前的她也并非如此。

> “我花了很长时间才达到现在的状态。以前，蒂娜会本能地拒绝一切新事物。比如，即便是去一个好玩的地方，出门前她也要跟我们磨叽好一会儿。那时候我根本没有耐心，然而我的不耐烦却又让她更加紧张。这是一个恶性循环。由于她无法很好地应对生活中的变化，我们也就尽量让她远离变化，结果她变得更加排斥变化。另外，那时候作为一名新妈妈，我自己也有不少焦虑。后来，我了解到‘先天特质’这个概念，才知道女儿抗拒新事物可能是天性的一部分。我们的关系由此也有了突破性的进展。我终于释然，自己的孩子并不是有什么缺陷。我开始能够透过她的眼睛看世界。比如在旅行度假途中，她所看到的一切都是全新的，因此自然不愿意再接受不熟悉的食物。所以，我就事先买好她喜欢的意大利面随身带上，到餐厅后请服务员帮忙加工一下。我终于明白，女儿也能像别的孩子一样完成很多事情，只不过她需要更多时间。比如在打疫苗前，只要我们花上两周来玩一些与此相关的游戏，她就不会像以前一样，一听说要打疫苗就哭闹不休。很多在过去我不敢期待的事情，蒂娜现在都已经没问题了。另外，这也得益于她有一个天性更爱冒险的妹妹。有一次，妹妹玩一个新滑梯，蒂娜观察了10分钟后，居然也勇敢地尝试了一次。我到现在都还记得自己当时惊讶不已的心情。”

共情，可以是认真而贴心的回应，也可以是一个有趣的游戏。

一位妈妈给我讲述过一个“与孩子共情并把游戏加入其中”的故事：

“有一次，在一个水上乐园，戏水池中有个水箱，里面装着豹蟾鱼，那是一种看起来很可怕的鱼。两岁的默雷看到它们后立刻紧张起来，担心自己会被鱼吃掉。我灵机一动说：‘它们要吃你？不如我们先吃掉它们吧！’他很喜欢这个主意。我们开始假装咬下一口鱼肉，嚼碎它，并把它吞进肚子里。之后，他屡次把我拉到水箱旁边玩这个‘吃鱼’的游戏。”

我想，假如当时这位妈妈劝解孩子说“鱼被关在水箱里呢，咬不到你！”，那么一定不如游戏这样既有效又有趣。

当我们对孩子的感受表示理解时，传递出来的信息是：你的一切感受都是正当的，包括负面感受。当我们对孩子的感受不以为然，或者极力向他灌输“恰当感受”时，我们传递的信息是：你的感受有问题！

但是，共情并不是让我们跟孩子一起紧张：“你怎么啦？你还好吗？真的没事吗？”如果孩子察觉到父母也在紧张，那么他将彻底失去仅存的那点信心，取而代之的是更深的怀疑和慌张。

也许你并不擅长与焦虑的孩子共情，这完全可以理解。但你可以试试下面这个方法，也许会有帮助：你能否想起某个人，他对孩子始终保持尊重和理解？他不一定是你直接认识的人。一位作家、故事中的一个角色、一位历史人物，都可以是接纳孩子的榜样。拿我自己来说，我心目中的共情高手包括儿童电视节目主持人弗瑞德·罗杰斯（Fred Rogers）、作家莫里斯·桑达克（Maurice Sendak）、波兰儿科医生雅努什·柯尔恰克（Janusz Korczak），以及我的父母和姐姐。

找到你的榜样，借助他们来激励自己更好地与孩子相处。我甚至建议你把他们的照片或者经典话语贴在墙上，遇到问题时设想一下他们会怎样做。榜样的力量是无穷的，在你需要帮助时，他们会成为你的信心和灵感之源。

第二步：用我们的镇定与信心感染孩子

如果说共情是第一步，那么第二步就是：用我们的镇定与信心感染孩子。

首先，我们接纳孩子的现状，然后一步步引导他获得更多的安全感。在前面提到的小鸡实验中，如果第一只小鸡看到第二只小鸡吓呆的状态，它就会在惊吓中僵固更长时间。因此，一切都有赖于第二只小鸡发出的信号：这个世界是安全的，还是危险的？

如果说孩子是第一只小鸡，你是第二只小鸡，那么你发出的是安全信号，还是危险信号呢？你又希望自己能发出哪种信号呢？

如果你正捧着这本书津津有味地阅读，那么我猜，也许你自己就是一个容易紧张的人。所以，在修炼成镇定的第二只小鸡之前，你可能需要先处理一下自己的焦虑。

你需要明确找出并直接面对自己的担忧和恐惧，然后做一些放松的练习为自己减压，必要时还需寻求帮助。回想一下，在哪些事情上、哪些情况下，你容易紧张？它是不是曾经潜入你的身体里、想法里、情绪里或者人际关系中？选择一个恐惧，然后面对它；揪出一个紧张时的小动作改掉它；或者翻出一件你一直回避的事情。你不需要在一夜之间彻底转变，只要我们拿出面对难题的诚意，并不断努力，孩子就会受到潜移默化的影响。

处理童年焦虑和成年焦虑的最大不同是：我们要做自己的“好父母”。这意味着我们要温柔而坚持地轻推自己去直面恐惧。这确实很难，但值得努力。你可以向朋友或伴侣寻求帮助，但要做好心理准备：被人轻推时你可能会恼羞成怒。基于同样的道理，我们就会更容易理解，为什么当我们逼孩子“面对恐惧”时，他会那么生气。

做到这一点并不容易。作为成年人，我们早已练就了各种逃避技巧，可以娴熟而巧妙地绕开许多难题。

但是，身教远胜于言传。

在治疗有社交障碍的孩子时，我就注意到一个问题。当我建议一个家庭邀请另一个家庭来家里做客时，大部分父母都本能地惊慌起来：“什么？我跟他们不熟啊，这样不太好吧？”然而，这些父母却希望他们的孩子能够勇敢地去结交新朋友。

即使原本不是容易紧张的那类人，你仍有可能成为焦虑的父母。父母都会忍不住为孩子操心，而假如孩子容易焦虑，那么父母就更会担忧：他将来的生活可怎么办呢？

紧张和焦虑是一种极具传染力的情绪。因此，当下次你为孩子担心时，不妨有意识地在大脑中按下“暂停”键，告诉自己：现在并没有危险，担心不过是因为被孩子的情绪传染了。此时此刻，你能否为自己发出“解除警报”的信号？能否成为“镇定的第二只小鸡”，先安抚自己，然后安抚孩子呢？

假如父母无法忍受孩子经历半点儿挫折，那就一定会焦虑。当然，没有哪位父母会享受孩子受挫的过程，但是我们必须学会承受。这并不是让父母刻意制造挫折，而是因为孩子的成长离不开一些循序渐进的小挑战。当挑战的难度逐渐提高，那么就会不可避免地给孩子带来沮丧和痛苦。过度的挑战会破坏孩子的安全感甚至自尊，但是如果没有挑战，孩子的能力和自信同样也无从得到发展。

这让我想起一个老旧的笑话：一个小男孩都已经很大了，但还不会说话，于是爸爸妈妈带他看了很多医生。奇怪的是，所有检查都显示他一切正常，但他始终不肯说一句话。突然有一天，他吃饭时让姐姐把盐递给他。所有人都惊呆了，问他以前为什么不肯说话。他回答：“因为以前一切都很好，根本用不着我说话啊。”

这个笑话对我们是个很好的提醒。当孩子面临挑战时，如果我们心里总有一种忍不住想冲上去帮一把的冲动，那么不妨先抽身出来问自己一个问题：是孩子需要我们的帮助，还是帮助孩子是我们自己的需要？我们的帮助是否常常出于自己的不安和不忍？记住，我们能给孩子的最好关怀，就是在孩子受挫并寻求安慰时，我们及时通过联结来抚平他的伤痛，而不是事先的过度保护或频繁救援。

我们摆脱了自己的焦虑，才能更好地帮助孩子摆脱焦虑。如果孩子自己坚持说“我不行”，你可以用温和而充满关爱的语气对他说：“你行的，试试吧。”这样说可能会引起孩子大哭大闹，但这很正常，接下来你要做的就是坐在他身边，倾听他释放情绪。只要你足够理解和接纳他的感受，这种释放将会帮助孩子重新找回自信。

孩子的焦虑常常会引起父母的哪些负面感受呢？恼怒、沮丧？勾起童年的心酸往事？因为厌倦与孩子的纠缠而对他听之任之？因为整天提醒孩子“这个该做，那个不该做”而疲惫不堪？总是担心孩子的个性会毁了他的未来？

所有这些反应都是正常的。需要留意的是，大部分父母会因为这些感受和想法而产生内疚，进而拼命否认或忽视它们。其实，摆脱这些情绪困扰的最佳方式，就是面对它们（虽然这听上去有些自相矛盾）。家庭教育专家帕蒂·惠芙乐的建议是，找到理想的“倾听伙伴”，相互倾诉真实感受，轮流分享真实想法。“倾听伙伴”可以是配偶或者其他家人，但是家庭以外的朋友可能更好，因为他不会陷入你家的具体问题，所以通常会有不一样的视角。选择“倾听伙伴”的最重要标准是：他不会在倾听的过程中对你横加指责和评判，他甚至不需要给出具体建议，他需要做的只是怀着共情之心听你诉说。

当你与倾听伙伴经过磨合而相互信任后，你就能渐渐突破自己心里的禁区，分享其中最隐秘的负面情绪。一旦这些情绪“被解禁”，你会惊喜地发现，你对孩子的感受有了新的认识，并更愿意接纳它们。你对自己也更加宽容和理解，遇到难题时也能找到更加灵活的解决之道。

如果有人真心倾听和理解我们，我们就会减轻“我做得不够好”的内疚感。每一位父母都渴望做得更好，但是内疚感只会让事情变得更糟。

一位父亲曾经分享过他被倾听之后的感受变化。

“当时我们说起女儿的过度紧张……我一直期望女儿在害怕时能保持理智。每次她因为莫名其妙的事情而紧张时，我都快气疯了。但就在和朋友倾诉的过程中，我突然意识到自己的担心也同样莫名其妙。所以我想，或许感受本来就不该是理智的。从那以后，我发现自己在陪伴和倾听女儿时，比过去耐心多了。”

“第二只小鸡”的进阶学习

在“小鸡实验”中，第二只小鸡并不用刻意为第一只小鸡做什么，它只要在第一只小鸡附近悠闲地散步就行了。的确，很多时候，父母只需要像第二只小鸡一样，自己保持镇定就可以了。

但是，如果你已经了解到自己养育了一个容易紧张的孩子，那么要想尽快改变孩子的现状，仅仅你自己保持平静就不够了。孩子过于紧张的大脑总在频繁搜索危险信号，有关安全的新信息却始终被屏蔽在外，因此单靠他自己，是无法重置安全系统的。焦虑者对待世界的态度通常是：眼前这些已经够可怕了，我不想再关心别的了！

焦虑的孩子无法用正常的眼光看待世界。他们透过“有色眼镜”看到的世界，总是危机四伏。此时父母要做的事情，就是在确保绝对安全的前提下，让孩子暂且摘掉“有色眼镜”，大胆地重新看一看周围的世界。

我在前面提到过一个方法，就是当孩子害怕时对他说：“看看我的眼睛吧，里面有没有‘害怕’？”许多父母尝试了这个方法，发现能够大幅降低孩子的紧张值。这种方式完全不同于“没什么可怕的”那类简单的传统劝解。

但是，万一孩子回答说“我看见你也在害怕”，那又怎么办呢？通常，这是因为你另有担心。好吧，起码你并不害怕孩子正在怕的那个东西，因此可以这样说：“你再好好看看，我真的也害怕床底下的怪兽？”这样做至少有一个好处：你跟孩子进行了目光交流，进而建立了一定的联结。这在孩子闹情绪时，通常是很难做到的。

另外一种情况是，如果孩子实在无法从你眼中看到镇定，那么你可以如实对他说：“我也非常紧张。让我想想看，有什么办法能让自己放松点呢？你愿意和我一起试试吗？”接着，和孩子分享你的“放松大法”就行了，或者一起商议出一个“安全计划”，又或者告诉孩子你是如何消除自己的紧张念头的。换句话说，你和孩子一起去寻找“第二只小鸡”的踪影。

当然，如果当时真的有危险，那就不能一味地放松了。不过，你还是可以引导孩子把注意力放在解决办法上：“嗯，我也觉得不妙。我想到一个办法，你听听怎么样……”

成为“镇定的第二只小鸡”并不容易，尤其对大部分父母来说，这是一种全新的理念。在此，我准备了一些常见问答，供大家进一步参考。

▶ 为什么我很容易让老大平静下来，但老二却很难被安抚，不管我说什么都无济于事？

有些孩子的大脑能够很轻松地发出“解除警报”的信号。这个信号一经发出，“警报器”就停止工作，随后孩子会很自然地放松下来。通常，这类孩子出生时就带着一个不怎么活跃的“警报器”，后天经历中也没有因为创伤或惊吓而导致“警报器”过于频繁地启动。所以，在他们害怕或紧张时，父母只要稍稍给予安慰，帮他们提供安全信号，他们的不安便会很快消逝。（是啊，这可真是让人既羡慕又嫉妒。）

相反，那些容易紧张的孩子，就需要更多的帮助才能发出“解除警报”的信号。这就好像，有的孩子不费吹灰之力就能掌握阅读技巧，另一些孩子则需要更多的努力。这些孩子天生带着过度活跃的“警报器”，或者后天成长中某些事件以及养育方式不当加剧了“警报器”的活跃程度，对于他们来说，简单的安抚和劝解是远远不够的。

▶ 我儿子大脑里就像装了一个雷达，我一焦虑他马上就能察觉到。但是，他对我的放松却反应迟钝。有时我好不容易让自己冷静下来，他却感觉不到，这是为什么？

焦虑的孩子最典型的特征就是：对别人的紧张过于敏感，对别人的镇定过于迟钝。

这类孩子的大脑就像一个不辞辛苦的“危险探测仪”，时刻搜索着周边的危险信号。一旦搜索到“妈妈在紧张”，“警报器”就会立刻拉响。而旁人的冷静却不属于它的搜索对象，即便就在眼前也毫无反应。

容易紧张的孩子会不断从自己身体的紧张状态、克制不住的担忧以及恐怖的记忆中捕捉危险信号，同时对于平息紧张的安全信号却视而不见，例如不管妈妈怎么说“没事了”都不管用。换句话说，他们更容易忽视“镇定的第二只小鸡”的存在。

▶ 如果我一时还无法成为“镇定的第二只小鸡”，那怎么办呢？

欢迎加入，咱们都是同类。

孩子容易紧张，作为父母很难时刻保持镇定。

最简单的解决办法，就是找一位“替补队员”，代替你充当“镇定的第二只小鸡”。你周围肯定有比较放松的人，至少害怕的东西和你不一样。这类朋友、亲人或同事能够向孩子发出“看我多放松，周围根本没危险”的信号，这可比你拼命去伪装要有效多了。你还可以把孩子送去参加夏令营或者户外运动，在那里，镇定而富有经验的老师能最大限度地鼓励孩子去尝试一些冒险探索。

我曾在罗马尼亚举办过一期周末工作营。工作营中一位叫阿德里亚娜的妈妈就让她丈夫扮演了替补的“镇定的第二只小鸡”的角色。起先，阿德里亚娜和她 2 岁的女儿伊莱娜站在一个宽宽的木梯下面。一些稍大的孩子在父母的看护下一个个爬了上去，伊莱娜也想跟着爬。阿德里亚娜试图说服女儿下来，但是伊莱娜坚持要爬。这时我离开了几分钟，等我再回来时，看到她们俩居然都已经站在梯子顶端了，而孩子的爸爸正在下面为母女俩欢呼。后来我向这位妈妈询问刚才的过程，她告诉我：

“刚开始，伊莱娜往上爬的时候，我在旁边贴身保护。但老实说，我没想到她会爬那么高。当我发现她已经爬得太高，我没法贴身保护时，就叫丈夫斯特凡来帮忙。我担心女儿万一掉下来而我又抓不住她，因此就想让斯特凡上来陪伴女儿接着往上爬。但没想到他让我继续陪着女儿，并打保票说他能接住我们两个。要是在以前，我肯定会坚持说‘不行，太危险了！’。但这次我已经意识到，我的担心并不是因为孩子真的容易掉下来，而是我自己紧张过头了。”

▶ 如果我永远做出一副处变不惊的样子，又怎么能教会孩子合理的安全意识呢？难道不应该告诉他，有些危险需要避开吗？

“第二只小鸡”当然不必永远保持冷静，只需在没有危险时才这样做。

孩子需要看到父母如何表达应有的人类情绪，包括恐惧。但是，如果我们的恐惧让孩子受到过度惊吓，那么反而会加重孩子的负担，干扰孩子形成合理的安全意识。

合理的安全意识，意味着能够灵活地判断什么时候应该躲避，什么时候不必惊慌，而不是一味地害怕某些东西，一旦遇到就条件反射地不知所措。然而，生活中经常发生的却是：某些大人先是肆无忌惮地吓唬孩子说“你再乱跑，就会被汽车撞到！”，或者“你不乖，坏人就会把你带走！”，而一旦孩子开始害怕汽车和陌生人，大人们又会万分不解。

下次，如果要告诉孩子什么事情危险，那么请同时教给他应对危险的办法。

我们不可能时刻在孩子身边告诉他“什么时候该害怕”“应该多害怕”，而只能一点儿一点儿往后退，让孩子越来越依靠自己内在的评估机制，去分辨安全与危险，并区别“真正的危险”和“内心的恐惧”。正如舒马克曾经写道：“忍住冲上去保护孩子的冲动，先问问自己‘会有什么严重的后果呢？’让孩子去冒几次险，吃几次亏吧！”

▶ 女儿坚决不肯自己一个人走进家里任何一间屋子，包括卫生间。如果我告诉她“我理解你的害怕”，那么她会不会更加害怕了？

很多父母都想知道：怎样才能既表现得镇定，又能向孩子表达理解和共情？这难道不是互相矛盾的吗？乍一看似乎是有一点儿矛盾，但这两个要素的确缺一不可："妈妈知道你害怕，但我保证你是安全的。你可以趴在我怀里，也可以大声哭出来，但等一下你还是可以试试自己走进那间屋子。"如果你任由孩子退缩，那么等于在告诉孩子"里面的确危险"。或者，你只是把孩子向前推而缺乏共情："你必须克服困难"，那么孩子的感受只能是"我不得不孤身一人面对生活中的危险和挑战"。

幸运的是，人类天生比小鸡多了一种能力，那就是共情。所以，我们会说："假如我觉得会被闪电击中，那我也会很害怕的。"或者"我知道你最讨厌脸被弄湿的感觉，来，我帮你赶走这种感觉。"也就是说，在传达安全信号的同时，我们完全可以表达对孩子的恐惧感的理解。

因此更准确地说，父母的修炼目标是：成为既镇定又满怀共情之心的"第二只小鸡"。

▶ 我根本没机会扮演第二只小鸡，孩子根本就不听我说话，尤其是在他焦虑的时候。那又该怎么办？

本章开始的引言故事中，爸爸意识到任何道理都无法消除儿子对狗的恐惧。孩子首先需要的是另一个东西：紧紧握住爸爸的手所带来的安全感。他还需要爸爸理解他的恐惧，而不是横加评判和指责。焦虑的大脑一旦被启动，就无法处理任何新的信息。它必须让自己先平静下来才行。

也就是说，孩子之所以不听我们的，是因为他整个人已经全部被警报器的声音和非理性的评估所控制。这时，**温柔的身体接触、充满爱和理解的话语，会比一味地讲道理更管用**。

我管这个原则叫"原始本能优先原则"。相比语言和逻辑这类在人类进化过程中较晚出现的能力，分管情绪的大脑区域会对更原始的安抚方式更加敏感。这一点对成人来说可能难以理解，因为我们早已习惯过度依赖理性脑。

有一个男孩名叫萨米，他非常害怕恐怖袭击。每当妈妈劝他说“恐怖袭击很少发生，咱们家很安全”，萨米总会列出很多理由来跟妈妈争吵好几个小时。但后来有一次，妈妈用温柔的拥抱、轻声的吟唱和其他非语言的安抚，让萨米迅速平静了下来。从那以后，当萨米再提起这个话题时，妈妈就不再用语言告诉他“你很安全”，而是把他搂在怀里，让他感觉到安全。即便再对萨米说什么，妈妈也不再罗列那些理性的证据，而是用最简单的话对他的情绪表示理解：“妈妈就在你身边呢。妈妈抱着你，你感觉好些吗？是啊，恐怖袭击实在太可怕了！”听到这样的贴心话，萨米不再像以前那样争吵，有时候居然还会哭起来。这些眼泪不仅正常，而且十分有益，因为它是治疗孩子内心恐惧的一剂良药。最终，萨米的妈妈终于明白，萨米听不到她嘴里说出来的话，却能“听见”她心中无声的安抚。

▶ 用道理去说服、劝解孩子有什么不对呢？难道我不应该告诉女儿“床底下真的没有恐龙”？

如果简短的事实描述就可以解决问题，那当然更好。但如果孩子已经非常害怕并拒绝理性劝解，那么就应该试试别的办法了。

我们要做的第一件事情就是：少说话，多倾听。尤其孩子表达的恐惧令我们难以理解时，只有倾听才能帮我们弄清楚孩子到底是怎么想的，到底在怕什么。

小女孩洛林告诉妈妈康妮：“我害怕一个人待着，因为怪兽会来绑架我。”康妮尝试过从很多个角度解释这件事为什么不可能发生，但对洛林却全都毫无帮助。于是康妮决定放弃她那“毫无疗效”的劝说，转而认真听一听洛林到底在怕什么：“如果被怪兽绑架了，会发生什么可怕的事情呢？”“然后呢？”“想起这件事时，你身体里有什么不舒服的感觉？”（当然，康妮并不是一次就问了所有这些问题，因为那样会加剧孩子的恐惧。）

这些问题为洛林打开了一条“可以讨论恐惧”的通道，洛林最终自己说出了原因。原来她真正害怕的是：妈妈会死掉！自从祖父过世后，洛林就一直反复纠缠在“死亡”这件事上。洛林认为自己必须担负保护妈妈的责任，为了让妈妈别离开自己，她就想出“怪物会绑架我”这件事。她的逻辑是：“如果我一个人待着，怪兽就会把我绑走，那样就没人保护你了！”

康妮了解到女儿真正担心的事情之后，自然对女儿会有更多的理解和共情，在安抚女儿时也更加得心应手。以前康妮总会对女儿说：“即使我不在你身边，你也是安全的。”而现在她会说：“即使你不在我身边，我也是安全的。”

恰到好处的劝慰

劝慰别人，是一件很难把握分寸的事情。

当你心情不好的时候，是否曾经在朋友的劝慰下一点点儿平静下来？或者恰好相反，别人越是劝你，你越是心烦意乱？这两种经历，我想大部分人都有过。聪明的“第二只小鸡”懂得在什么时候、用什么方式能够成功地劝慰孩子。

· 绝不轻视的态度

前段时间，我的手指上起了一个小囊肿，我想让医生帮我处理一下。去之前我有点忐忑不安，担心医生会说我小题大做，没想到医生非常认真地接待了我。他向我解释如何排除潜在病变的可能性，既专业又自信，而且他还给我看了他手上长的一个类似的囊肿，最后叮嘱我如果没有好转就一定要再来找他。我的担心被成功地安抚了，因为医生没有在任何环节上表现出对这个“小问题”的轻视。

· 先认可感受，再想法开解

劝慰孩子的时候，很多父母会过于着急地跳到第二步——开解。而孩子们却只有在感受先得到认可后，才会更愿意听劝解的话。他们只有在觉得对方理解自己后，才会愿意去听一听对方说的话有没有道理。

认可孩子的感受时，最有效也最简单的做法就是：复述孩子对你说的话。不要急于否定、争辩或者修正孩子的话。比如：你的孩子不肯参加小伙伴的生日聚会，理由是“那里的小朋友我一个也不认识”。你当然知道这不是事实，但你仍然可以简单地复述：“原来是这样啊，生日聚会上的小朋友你一个也不认识，所以你担心不好玩，是吧？”

想法和感受被认可后，孩子通常更愿意接受我们的劝解。

如果你说：“我明白你的意思了，那你想不想知道我的想法？”而孩子却说：“不想！”这时候假如我们坚持违背他的意愿强行开解，那么你很快就会发现自己是在浪费时间，因为孩子很敏锐地察觉到你根本不是真心想了解他的想法。

如果孩子已经准备好听你说话，那么你可以说：“妈妈知道，你非常担心，以致把认识的小朋友都忘光了。你现在觉得聚会不好玩，和小朋友玩也没意思，其实那只是因为你现在有点紧张。”只要我们和孩子之间建立了联结，所有事情都会变得顺利起来，而认可孩子的感受就是建立联结最有效的途径。

· 15 秒劝解原则

如果劝解在 15 秒内没有发生作用，就放弃它，再想别的办法。

如果当时的劝解有用，它便会立刻奏效，这是因为孩子的大脑中还留有一条通道，让劝解的话顺利到达理智脑，“安全系统”做出了理性评估，并成功发出了“解除警报”的信号，最终使孩子平静下来，不再紧张。

但是，如果这一切没有在瞬间发生，那么说明那条通道已经关闭了，即便再多花 15 秒、15 分钟甚至两个小时，也不会奏效。如果你有一个过度焦虑的孩子，那么你很可能有过多次“长时间劝解无效后，最终只能在沮丧和焦躁中不欢而散”的经历。我们很多时候总是会高估自己的影响力。

“15 秒劝解原则”来自另一个“15 秒原则”——15 秒洗手原则。自从美国疾病控制与预防中心发布了“洗手，15 秒就够”的建议后，我就告诉那些有洗手强迫症的人：“头 15 秒钟你是在洗掉细菌，但是再洗就是为了洗掉‘焦虑’了。”

· “辅助”而不是“代替”孩子进行理性评估和解除警报

你无法代替孩子完成“安全系统”的工作，尽管你会忍不住去这样做，因为孩子的“理性评估”和“解除警报”机制运转不良，因此你的做法肯定无效。如果你一味坚持说“你很安全”，那么孩子就会把你所有的话当作耳旁风。这样的话，对于孩子紧张不安的强烈感受来说，显得太苍白无力了。相反，如果你换一种方式说：“我就在这儿！妈妈就在你身边。”那么，孩子就有可能顺着想：“是啊，妈妈在这里，那么我不会有事的。”这样，你就能帮助孩子，让他自己完成理性评估，最终自己发出解除警报的信号。

养育有能力解决问题的自信的孩子

共情可以持续为孩子建立安全感。“有人明白我的意思、理解我的感受”，这种感觉是对抗焦虑的必要元素。但是对于孩子的整体发展来说，光有共情是不够的。孩子还需要解决问题的信心和具体方法。我们必须帮孩子获得面对困难的勇气、“我能行”的信心，以及摔倒后依然能站起来继续向前的力量。

在自信的发展过程中，孩子需要与养育者之间形成牢固的联结，也需要有机会感受到自己拥有强壮的身体和掌控环境的力量，还需要尝试冒险并得到鼓励。

孩子在一两岁时需要知道，当我们抱着他假扮小飞机满屋子跑时，我们一定会把他抓牢，会保证他的安全。他也需要知道，当他摔倒碰疼自己时，我们会及时安慰他，只是摔倒和磕碰总也避免不了。

等孩子长大一点儿，他就开始从“推倒大人”这类游戏中获得自信，尤其是大人被推倒时能够做出夸张搞笑的样子。

再大一点儿的孩子会使出全身的力气与我们较量，这是他获得力量感的重要方式。因此，当我们和他玩摔跤或者枕头大战时，应该先与他势均力敌地对抗一阵子，然后在恰当的时机让他“赢”。运动，例如攀岩等，也会显著提升孩子的自信。

我会努力避免对孩子说“你要勇敢”这样的话，因为他们会察觉到你的意思其实是“别这么胆小”。我更愿意在事后说：“哇，这也太勇敢了吧！”或者“这可不是一点点勇气就能做到的哟！”

也就是说，我们可以暗中留意，当孩子做出勇敢的事情时，我们就去肯定他，并用恰当的方式告诉他：勇气可以通过练习不断培养，它并不是天生就有的。

我们还要告诉孩子，“有勇气”并不等于“不害怕”。勇气的意思是，虽然害怕了，但我们还是有所行动。如果“不害怕”，那也就根本不需要“有勇气”了。

出现问题，尤其是与同龄孩子交往中发生矛盾时，自信的孩子会更加关注问题该怎么解决，而不是遭遇多么惨痛或者心情多么受伤。在《妈妈，他们欺负我》一书中列出了三个问题，可以帮助孩子提高解决社交问题的能力：

1. 你做过什么努力？
2. 效果怎么样？
3. 下次再遇到，你会怎么做？

如果孩子回答“我什么也没做”，那我们还怎么问下去呢？其实，“什么都不做”本身就是一种处理问题的策略，而且往往是个好办法。因此，我们应该问问“什么都不做”的效果怎么样。

生活中经常见到截然相反的做法：孩子遇到一件事，大人就一直询问这件事中令孩子难受的每个细节。围绕伤痛问个不停，只会让孩子将注意力全部停留在失败、受伤害和指责他人的心理上，而对于自信和解决问题的能力却毫无帮助。

焦虑的困境就在于，孩子因为总是纠结于故事中最可怕的那个部分，而看不到美好结局的可能性。父母只有着眼于建立自信和提升解决问题的能力，才能让孩子解脱出来。因此，当孩子向我们讲述他的不愉快经历时，我们需要怀着共情之心去倾听，但之后不要忘了问：“接下来你打算怎么办呢？”即便最可怕的故事也可以有令人欣喜的“下一集”，例如：终于等来了救援、从重病中康复或者成功解决了冲突等。

如果发生了某件不愉快的事情，而孩子当时没来得及有效应对，那么我们之后可以问问他：“来，咱们现在想想，下次要是再发生这样的事，应该怎么做会更好呢？”也可以问：“好可怕呀，真是把人吓死了，可你又是怎么恢复正常的？”同样，如果孩子提起刚做的噩梦，我们也可以建议："咱们来给这个梦加一个结尾吧？"有助于自信的结尾可以是："我醒来时发现，原来这不过是一个梦。"也可以是："后来我有了超能力，就把所有的怪兽都扔到火星上去了。"

劳拉 4 岁的时候，在医院接受过一段长时间的治疗，那是一段充满痛苦和恐惧的经历。之后，她变得异常胆小和焦躁不安。每当说起这件事情时，她总是重复那些令她恐惧的细节，然后害怕地把脸埋在爸爸怀里。后来当爸爸试着鼓励劳拉编造一个比较开心的结局时，她居然立刻跳了起来，朝着空气狠狠地踢了几脚，然后冲着想象中的医生和护士大叫："走开，别碰我！"事实上，在医院的那些日子里，她根本没有任何反击的念头，因为她太害怕了。当然，我并不鼓励孩子对医务人员真的拳打脚踢，以此治疗恐惧。孩子只是在游戏中表达对力量的渴望，并用游戏的方式获得力量感，没有人会真的受伤。假以时日，游戏中获得的力量感就会潜移默化地融入孩子的真实生活（以非暴力的形式），孩子会变得更勇敢，也会更好地应对生活中真正的可怕事件。

有些专业人员建议通过某种"奖励制度"，来刺激孩子努力面对和解决问题。例如，孩子如果完成了一件以前从未完成过的事情，就可以得到一个小贴画，当小贴画累积到一定数量时，孩子就可以得到一件想要的东西作为奖品。

但是，奖励的办法存在很多问题。

首先，这种办法经常会引起孩子同父母较劲，因为这些容易紧张的孩子通常十分擅长狡辩："可是你并没有说我必须自己在房间待够多少秒啊！"

其次，如果孩子觉得克服恐惧只是为了得到奖励，那么他会忽略另一样更重要的东西——自我挑战成功所带来的成就感。孩子心里也许会想：要不是为了那个玩具，我才不干呢。

再次，奖励所强调的只是结果的成功或失败，并没有关注努力的过程和方法，这往往会让孩子对自己的胆怯感到羞耻，一旦失败则会更加垂头丧气。

最后，孩子会执迷于具体的奖励和惩罚，而“锻炼勇气和建立自信”的初衷早已被抛到脑后。

游戏，可以取代奖励和惩罚，并获得更好的效果。

你可以让孩子用滑稽的手法画出自己害怕的事物，或者画几个可以消灭“恐惧”的超级英雄。让恐惧跃然纸上，让孩子亲眼看到它，这个做法可以大大降低恐惧的影响力。孩子还可以在游戏中打败恐惧，比如把枕头当作恐惧，然后让他全力痛击。当然，如果你愿意扮演“恐惧”，那么游戏会更好玩。或者，你也可以为“恐惧”配音——每当孩子把枕头打翻在地时，你就既痛苦又滑稽地嚎叫：“哼！你休想打败我！有我在，你什么好玩的事都别想做！哎哟！怎么回事？你居然把我打趴下啦！救命啊！”

新版“忧天小鸡”

这一次，“忧天小鸡”遇到了一只非常具有同情心的小鸡。一番谈论后，“忧天小鸡”不仅不再焦虑，而且还对自己更有信心了。

“忧天小鸡，你好像在害怕什么，而且非常害怕？”

“是啊，天就要塌了，天就要塌了！”

“啊！那可真是太吓人了！我要是以为天要塌下来，也一定会吓死的。不过，为什么你会觉得天要塌下来呢？”

“有个东西砸到我头上了，那肯定是一块天空的碎片。所以，一定是天要塌下来了！”

“是这样啊，怪不得呢。你看你，羽毛和翅膀都抖个不停，肯定是吓坏了。”

“还有我的嘴，一直在打战呢。”

“可不是嘛，我都听见打战的声音了。咱们小鸡一害怕都会这样的。对了，你过来看看我的眼睛，看看我是不是也在害怕呀？”

“你没害怕。不过那是因为天空的碎片没有砸到你。”

“就是就是，我没被东西砸到，所以不害怕。我看你还是很担心的样子。要不，你跟我一起做几个深呼吸，然后咱们在这周围找找看，到底是什么东西砸在你头上了？”

“我可不懂什么深呼吸、浅呼吸的。不过，是该把天空碎片找到！让我瞧瞧，它应该在那儿！咦，那只有一个橡果啊！它一定是从那棵橡树上掉下来的。”

“要是有东西从那么高的地方掉到我头上，我一定也会以为是天空的碎片掉下来了。我们被吓坏的时候，都会把那么小一个东西想象得那么可怕，对吧？”

“唉！原来只是一个小小的橡果，我实在太蠢了。”

“不是的，不是的！我敢肯定，谁遇上了都会害怕的。”

“真的吗？我真想马上给露西和镇长看看这个橡果，然后对他们说：‘我居然会以为这是天掉下来了！’”

“也许，我们还可以玩一个‘天要塌下来’的游戏呢！嘿，在见到你的朋友之前，我还想告诉你：我真佩服你。你看，刚开始你那么害怕，可是你还能让自己冷静下来，去想到底发生了什么，在发现那只是一个橡果后，你就马上不害怕了！”

“对呀，我还真是好样的！说不准，哪天有一个好事的家伙，会把我的故事写到书里呢！”

本章要点

- 共情可以持续为孩子建立安全感，是对抗焦虑不可或缺的第一要素。有时候，孩子的担心就是很荒唐，但是孩子害怕的感受却是真实存在的，我们用共情面对孩子“不切实际”的恐惧，孩子才能与我们分享他心里更深的恐惧。
- 当孩子与养育者之间形成牢固的联结，有机会感受到自己拥有强壮的身体和掌控环境的力量，尝试冒险并得到鼓励，他的自信会逐渐获得发展。

第3章

放松与打闹游戏

放松的时候，我能感到肚子里有一股暖流。

——

一名10岁的女孩

关注身体的感受

焦虑会打破身体的生理平衡。

焦虑的孩子会有各种表现：坐立不安、慌慌张张、烦躁多动、过度活跃、呆板笨拙、反应迟钝、胆小怕事等。他们可能还会被疼痛、瘙痒以及各种生理上难受的感觉所纠缠，例如“我喘不过气来了”“我的胃好痛”等。有些人焦虑到极点时会感到魂不附体。焦虑让人身心分离，而游戏能够帮助孩子找回身体的愉快感受，恢复身心合一的生理平衡，从而摆脱焦虑。

前文所描述的“安全系统”负责指挥身体的紧张和放松。紧张的时候，警报器会加强与应急相关的生理活动，例如心跳加速和肌肉绷紧，这样我们在面对危险时，就可以更有力地对抗或者更快地逃跑。然而与此同时，警报器还会减弱甚至暂停其他与应急无关的生理活动。放松、消化、睡觉等活动可以先停下来，等危险过去后再说。唾液分泌被暂停了，因此人在紧张时会觉得口干舌燥。有人紧张时会觉得胃疼、想拉肚子或者想吐，那是因为消化功能被暂停的时间过长了。解除警报的机制负责让身体重新放松下来，因此假如警报无法解除，人就会陷入长期的压力中，即身体长期处于应对危机的状态。

腹部、胸部、喉咙、皮肤和肌肉，是人在紧张时经常会产生反应的几个部位。即便是胡思乱想所引发的焦虑，都会对这些部位造成明显的影响，因为身体、思想和情绪是盘根错节、彼此交织在一起的。一个可怕的念头就足以改变血液的供应走向，使大部分血液流向负责对抗或逃跑的肌肉群，结果手脚（负责精细运动）会因为血流减少而变凉。这时，放慢呼吸可以减弱可怕的念头对生理造成的影响。此外，把心中的恐惧画在纸上，等于把一个抽象的想法形象地表达出来，这样做也有助于消减恐惧。

花几分钟时间关注自己的身体，从头到脚慢慢地体会各种感觉。你注意到什么感觉了吗？如果没有，那就再多花些时间，再慢一点儿，从头再来一遍。你有多久没能睡个好觉了？忙碌的脚步有多久没停了？多久没有留意自己的呼吸了？你是不是感到全身僵硬，像打了结一样？随着这些自我意识的苏醒，你在帮助孩子化解焦虑的时候，也会越来越顺利。

如果你本身就是一个容易紧张的人，那么你更应该试试本章介绍的游戏，因为你自己也会得到放松。我还建议你选出一些适当的游戏，发动全家人一起玩，并且每天都玩。对此，你也许会有所抵触，借口说这些方法全都是说起来容易、做起来难。焦虑的人常常会抵触各种减压放松的方法，没关系，我在本章也会提供一些方法来帮助你打消这种抵触情绪。

重要工具：恐惧测量计

一位妈妈给我发来了一幅画，是她和儿子一起画的。画上是个貌似体温计的东西，标有从 1 到 10 的刻度值。这个东西叫作“恐惧测量计”，旁边还有标注：1 代表“小意思”，6 是“开始不妙”，10 是“崩溃了”。

我在帮助焦虑的孩子（以及成人）的时候，经常用到“恐惧测量计”这个概念。它的形式可以多种多样，有的数值范围是 0 到 100；有的根本没有数字，而是用表情来表示从“开始烦躁”到“要爆发了”的程度变化；还有的是用颜色代表程度，绿色是最轻微，红色是最严重。有的孩子还不太明白程度递进的概念，那么你也可以创造不同的手势，来代表“有点紧张”和“非常紧张”。

这种所谓的“测量计”其实来自一种专业工具，叫作“主观痛苦值”（Subjective Units of Distress Scale），简称 SUDS，但我一般会请孩子自己来给它起个名字。**SUDS 所反映的是每个人自己的内在感受，因此是主观的，没有客观标准**。例如，当乘坐飞机遇到气流发生颠簸时，我的紧张值可能达到了 8，而坐在我旁边的人可能只有 2。当我紧张到 8 的时候，我会浑身冒冷汗，而另一个人可能在紧张到 5 的时候，就已经开始冒冷汗了。SUDS 是一个非常个性化的指标，这也是它非常有用的原因。但是我见过很多父母对孩子标出的紧张值横加干涉：这么一点儿小事，哪至于就到 8 了呀。别干涉了！只有孩子自己的主观感受才真正说了算。

SUDS 里面的 D（Distress）泛指各种痛苦。这里没有使用“恐惧”“焦虑”等更为具体的字眼，是为了让人们可以进一步定义自己的“痛苦”是什么。

值得说明的是，有的孩子喜欢针对某种具体的情绪，比如“恐惧测量计”。有些孩子的定义就比较模糊，高数值代表所有强烈的痛苦（如忧虑、愤怒、难过、惊慌），低数值则代表平静、放松和快乐。总之，和孩子一起设计一个属于他的“测量计”吧，它是一个非常好的媒介，可以帮助你和孩子有效地讨论紧张、担心和害怕。记住，要让孩子做主，让他自己给测量计起名字、定刻度。

“你现在的紧张是几？”这是最简单的 SUDS 使用方法，通常在紧张值不太高的时候使用。有了测量计之后，当孩子焦虑时，只要问问孩子当时的紧张值就可以了。对，就是这么简单。即便数值很高，那么这个问题也帮助孩子体察到了自己的内心感受，而体察过程本身就有利于安全系统的重置。人在焦虑的时候，察觉危险和拉响警报的机制异常活跃，同时大脑的其他部分则受到抑制。体察内心感受并在测量计上标出数值，这一活动可以重新启动大脑被抑制的部分，从而帮助孩子解除警报。

在测量计上标出数值，还只是个开始。如果孩子能够仔细描述内心的感受，给感受取个名字，或者把感受画出来，那么他就激活了更多的脑部区域，焦虑感因而也会一点点减退。一方面，焦虑妨碍着思考；而另一方面，一旦启动了思考（如进行计算或艺术创作），焦虑就走到了尽头（除非数学或艺术本身就是焦虑的对象）。对于大多数人来说，计算和艺术创造所用的大脑区域，与焦虑用到的区域不同。因此，当计算或创造性思维活跃起来的时候，焦虑以外的其他区域被激活，从而减弱了焦虑对大脑的控制，最终帮助解除警报，使我们能够渐渐摆脱焦虑的纠缠。

面对焦虑的孩子，父母经常问“你感觉怎么样”“你怎么了”。但是孩子的语言能力还不能把内心感受准确地表述出来。因此你可以试试这么问：“你现在的紧张到几了？”

父母常常告诉焦虑的孩子要安静下来，但这在孩子听来通常像是批评。试着换一种说法：“我们一起把这个数字降下来，降到让你舒服的地方。”

对紧张值的讨论，还可以避免不愉快的争执。很多父母会对孩子说：

“你太紧张了，太焦虑了。”你的初衷是想提醒孩子，可是效果上却往往事与愿违，孩子会跟你顶嘴：“你在说什么呀，莫名其妙！”你可以试着换一种问法：“哎呀，我觉得我紧张到5了，现在应该是6了，你的呢？”如果孩子承认他的紧张值很高，那么你们就可以开始讨论如何把它降下来，而用不着争吵。如果孩子告诉你一个很低的数值，那么你可以假装疑惑不解：“这就怪了，我还以为你是8或9呢。你知道为什么我会这么猜吗？”

测量计（或者说SUDS）还有助于考察任何一种减压手段的效果。在一个最高值为10的测量计上，如果从8降到了6，那就说明很有效果，而这种“看得见”的效果会让孩子信心大增，相信自己能够降得更低。我们的目标就是顺着刻度往下降，即使降得慢一点儿也没关系。我记得曾经有个女孩骄傲地宣布，说她的紧张值已经从97减到96.75了。记住，孩子才是测量计的“主人”。假如你的女儿说她现在是10，那么你可别说：“怎么可能是10呢？到10你早就崩溃了，你现在肯定是7。”假如你的儿子说他现在是一千万，其实他指的就是测量计的最顶端。你可以说：“天哪！一千万！那可真是太高了。那，咱们怎么才能把它降到九百九十九万九千九百九十九呢？”

花点时间和孩子一起做一个你家的测量计吧。在本书介绍的许多游戏里，你都会用到它。

放松

你一旦有了自己的恐惧测量计或者SUDS，就可以马上用它来调整情绪、缓解压力。你当前使用的减压手段是否有效，测量计可以马上反馈出来（紧张值是否在下降）。它还可以提示你在不同的阶段采取不同的对策，因为不同程度的焦虑需要不同的手段。辩证行为治疗法的创始人玛莎·林翰说，想要彻底放松，就泡个热水澡，听听轻音乐；但是如果想摆脱危险，冷水和激烈的音乐会更有效。

你和孩子可以随心所欲地创造你们自己的测量计。为了便于描述，我在这里用最简化的 1 到 10 来进行说明。

高数值区（从 10 到 8）代表危险、恐慌和高度焦虑，当孩子的痛苦达到这一程度时，必须马上想办法释放出来。中段（从 8 到 3）的时候可以采用多种自我安慰和外界辅助的减压手段，大部分重置安全系统的工作都是在这一阶段进行的。低数值区（小于 3）是焦虑化解、身心放松的区域。

·10 到 8

对于紧张值处于这个区域的孩子来说，身体接触的安抚方式往往能起到最好的效果。少说话，多拥抱。痛苦到了这种程度时，语言甚至会阻碍安慰。抱起孩子摇一摇，给他哼个小曲，温柔地做做按摩。你可能需要多次的尝试，才能找到对他最有效的安慰方式。让孩子知道你会陪着他，并且不会对他的感受指手画脚。有些时候，如果你靠得太近，孩子可能会忐忑不安，此时你不妨后退几步，但是不要收回你对他的爱与关怀。

有些孩子紧张到无法动弹、彻底崩溃，对他们来说“故意发抖”是个不错的游戏。鼓励他们大喊大叫、上蹿下跳，全身抖个不停。然后再加上一些夸张的声音，可以是歇斯底里的尖叫，也可以是低沉的呻吟。你可能会觉得这种方法很古怪，但是由于过度的焦虑阻碍了情绪的自然流露，“故意发抖”可以让压抑的情绪安全释放出来，从而迅速减轻焦虑。一些孩子会对“尖叫”和“颤抖”感到难为情，那么最好是你带着他们一起做（或者你先做，让他们笑起来）。但这里我还是要提醒大家，千万别让孩子觉得这是在嘲笑他们。

在极度紧张时，有些孩子会本能地尖叫、出汗、哭泣或拼命颤抖。这些孩子在自我表达方面不需要借助任何外力，就能主动地把过于沉重的感受宣泄出来。我把这个过程称作“努力不害怕”。这个过程并不愉快，但它是健康的。在这个时候，孩子需要你镇定而充满关怀地陪伴左右，这样他才能一点点放松下来。在他情绪爆发的时候依然保持倾听，不要打断他，这对你来说可能会是一种煎熬（尤其是以前从来没人这样倾听过你的悲伤）。此时，孩子正在“努力不害怕”，不要催促他，不要指责他小题大做。也不要逼他“有话好好说”，事实上他恰恰正在向你传达一些重要的信息，只不过他此时所经历的感受远非语言所能表达的。如果他认为你能帮助他解决问题，那么迟早会说给你听，用不着你反反复复地追问：“怎么了？你到底是怎么了呀？”

如果孩子处于极度惊慌之中，冷水会起到非常好的效果，因为冷水会让心跳放慢。当然，未经孩子的同意，千万不要把他按进冷水里。用冷水拍拍孩子的脸和太阳穴，效果也会不错。虽然冷水的效果只能维持几分钟，但足以降低恐慌的程度，从而为其他后续的减压手段铺平道路。

恐慌症发作的时候，人会觉得这种糟糕的感受永远没有尽头，甚至会觉得难受得要死掉。我最喜欢的阻止恐慌症的技巧是：便条提醒。是不是简单得令你惊讶？在一张便条上写下：我的恐慌发作了，其实不是要命的事，这种感觉总会过去的。把这张便条放在口袋里，当你感到恐慌发作时，拿出来读几遍。便条上的话温和地提醒你：虽然你感觉生命受到了威胁，但其实没有，而且这种紧张感最终总会消失的。有个女孩觉得便条提醒的效果特别好，她把它称作“我的反恐武器”。

·8 到 3

这是测量计的中段，就是说孩子的紧张程度属于中度，那么这时也是我们提供实质性帮助的时候。此时孩子并没有陷入极端的危机或惊恐状态中，因此可以一点一点学习和体会如何放松情绪。他们每次把紧张值从 8 降到 3，就等于重置了一次自身的安全系统。

“倒计数”，是一个最简单的方法。问问孩子目前的紧张值是多少，然后让他们从那个数字慢慢往下数，一直数到 1。等数完后，再问问他们现在是多少。当然，倒数一遍不可能彻底放松情绪，但多少会让紧张的感觉减少一些。只要孩子不觉得厌烦，就可以一遍一遍地倒数，直到紧张值降到 3。

倒计数时，可以加入很多变化。你可以假装一边下楼梯一边倒数；你可以大声地数出来，也可以在心里默数；你可以睁着眼数，也可以闭上眼数；你还可以在每数一个数字之后加一些话，例如：“7，放松一些，6，再放松一些，5，再放松一些……”

针对中度紧张的减压方式，可以嵌入很多运动元素。“活力体操”是一种应用最广泛、效果最显著的技巧，它的核心就是通过快节奏的运动，比如有节奏的跑步或跳跃，让身体充分活跃起来。一位妈妈说：“有一天，我女儿因为吃饭和我闹别扭，我拉着她出去跑步。她喜欢跟我比赛，因此跑得飞快。结果她开心了，我也放松了。”此外，某些运动需要调用更多的脑力来思考，例如障碍跑、瑜伽等，也非常有益于调节紧张情绪。

有些活动不算剧烈，但依然具有节奏性，例如在容器之间反复倒水或者倒沙子。这些活动同样可以调节情绪。幼儿园老师都知道，倒东西是一种很有趣的活动，它既可以让孩子了解到容积与重力的概念，也可以帮助孩子安静，增强孩子的自律。

“弹簧操”，就是身体站直，脚掌着地，脚跟升起落下，就像弹簧一样有节奏地上下颤动。还可以一边做弹簧操，一边轻轻甩手，就像要甩干手上的水那样。这个活动在短时间内就可以使焦虑感得到一定的缓解。你可能会有疑问，因为有些孩子在紧张或者亢奋时就会下意识地甩手。这是两码事。有意识的甩手运动会给你带来放松的感觉。

很多瑜伽练习都有助于放松情绪，我在这里为孩子们介绍一些易学易用的瑜伽动作。

“山式”，是一个简单的站立姿势，胳膊放在两侧，背挺直，目光直视前方或闭上双眼，先想象双脚生根入地，再想象头顶向上伸展直入云端。做这个动作的时候，可以穿鞋也可以光脚，还可以尝试站在各种材质的地面上。你会充分感觉到双脚与地面的接触，这正是人在焦虑状态中难以察觉的。保持这个姿势不动，深呼吸几次，就会明显产生一种踏实的感觉。

山式的一个变化玩法是“看你会不会被推倒”。当孩子站稳以后，告诉他你会从旁边轻轻推他一下（注意不要推得太重）。第一次，先让他想一件让他紧张的事物，然后推他一下。不出所料的话，他会立刻失去平衡。第二次，让他想象自己是一座顶天立地的大山，想着自己内心的勇气和能量。以同样的力度推他一下，看看他这次能不能站稳。他可能会摇晃一阵，但很快会恢复平衡。这个游戏让孩子感受到两种身体反应的差别：焦虑时身体容易失去平衡，而专注能给身体带来力量。

还有一个变化就是，你当大山，孩子是狂风暴雨，要把你摧毁，你假装顶住一阵子，然后稀里哗啦地摔倒在地。这些游戏会让你们玩得乐此不疲。

有些孩子对安静的方式不感兴趣。如果孩子静不下来，你可以尝试一些“呼吸 + 运动”的活动。这类活动有各种玩法，但核心概念就是把每一次吸气和呼气，与运动的每一个动作配合起来。例如“聪明狗”：像小狗那样趴在地上，双膝和双手着地，吸气时双臂伸直，挺胸抬头；呼气时双臂弯曲，头伏向地面。如此反复几次之后，会比你预期中消耗更多的体力。

你也可以把呼吸结合到“山式”站立中，吸气时把手臂高高举起，呼气时慢慢放回两侧。如果你觉得颈部僵硬或者头痛，那么可以吸气时把头慢慢转向一侧，呼气时转回正中，吸气时再转向另一侧。配合呼吸时，头还可以上下运动或者歪向两侧。

· 3 到 –3

在这个阶段，主要使用的是深度放松技巧。

在孩子们理解了 1 到 10 的含义之后，我说我还有办法把数值降到–3，这会让他们非常惊讶。对于不明白什么是负数的孩子，我会说：“想象一下，你在最放松的时候会有多放松？现在，再想想比最放松还要放松的感觉。”许多紧张的孩子从来没有体会过这种程度的放松，也许就连你也没有体会过。

–3 代表的就是非常放松。当然，也不是所有时候你都会盼着孩子的紧张值降到负数，至少不是在早晨穿衣服或者学校演出排练的时候。但是，任何一个能够把紧张值降到–3 的孩子，都会因为拥有这种能力而受益终身。只要能在负数值停留一小会儿，孩子的安全系统就能得到彻底的重置。不过请注意，如果孩子的紧张值在 5 以上，那么他还不能马上练习深度放松的技巧。

深度放松的方法有很多。你可以从多方面进行各种尝试，包括感官刺激（如泡个热水澡，听点轻音乐，按摩）、观想和深呼吸等。记住，适合孩子的放松方式很可能与适合你的不一样。深度放松需要不断练习和反复使用。那些定期就让自己放松一下的孩子，很少会陷入极度的痛苦，即便偶尔很难过，他们也能很快平静下来。

“渐进式肌肉放松”的技巧基于这样一个观点：主观意志很难强迫肌肉放松，但可以指挥肌肉紧张起来。同许多深度放松技巧一样，完成渐进式肌肉放松的全程练习需要花不少时间（从 15 分钟到 1 小时不等）。但是，一旦做过几次并掌握窍门之后，你就可以通过下面介绍的“两分钟简化版”来达到相当程度的放松。

从右手开始，首先尽力握紧拳头，慢慢地从 1 数到 5。接下来注意，仅仅是右手的肌肉紧绷，颈部和脸部等身体其他地方不要用力，就像是把右手的肌肉“孤立”起来了。再接下来，从 5 慢慢数到 1，同时慢慢地松开拳头。再从 5 倒数一次，这次让右手更加放松。此时你的右手应该比练习开始前放松很多了。也就是说，故意制造紧张，然后让肌肉从中学会放松。左手也这样做一遍，然后尝试身体其他部位能够被“孤立”的肌肉。你会发现一些以前从未留意的肌肉，而且控制它们很有意思，比如让自己的脸皱成一团，然后再慢慢舒展开来；或者睁大眼睛，保持脸部其他肌肉不动，再慢慢放松双眼。

“我的双手又厚重又温暖”，是个更简单的方法。找个舒服的姿势，闭上眼睛，在心中重复默念：“我的双手又厚重又温暖。”你还可以握着孩子的双手，把这句话大声说出来。你也可以把这句话换成：“我的双脚又厚重又温暖。”通常几分钟后，大多数人都会感到踏实、温暖和惬意，而如果坚持 15 到 30 分钟，就能带来彻底的放松。你之所以会产生这些感觉，是因为越来越多的血液涌向四肢末端，而在腹部、胸部等“焦虑地带”的血液减少了。这个方法之所以有用，我认为在于思想和身体彼此间的紧密联系和相互影响。

观想，也是一个简单的深度放松技巧。孩子通常需要在大人的引导下进行观想。你来描述一幅惬意的画面，让孩子想象置身其中的感觉。如果了解孩子的心意，那么编织出的画面效果会更好。他是希望自己躺在沙滩上？走在树林里？还是漂浮在水面上？在观想的情景中，通常会有走下台阶或走进山洞之类的情节，象征着一步步进入最深层次的放松状态。

有些孩子喜欢睡前讲故事，从冒险开始一路回到平静。有位名叫莫蒂的妈妈，每天睡前会先让女儿自编一个飞翔的故事，故事里女儿有时是一条龙，有时是一个风筝，有时是一位仙子。接着莫蒂就从女儿的故事里选取一些元素，描述出一幅画面，比如安静的湖面，湖水会洗掉所有的担忧。睡前时间是用来放松的最佳时机，可以让孩子的紧张值降到负数。

焦虑的孩子也许会不相信，他可以主动让自己放松下来。他觉得被困在焦虑中是身不由己的。以上提到的各种技巧可以帮助孩子学会主宰自己的情绪。反复练习让紧张值下降，能够减弱警报器的敏感度，并增强解除警报的能力。

我通常会教给孩子多个技巧，然后让他们从中挑选几个最喜欢的来反复练习。最好先挑几个既简单、耗时又很短的，再挑几个时间长、强度大的，然后在情绪平静时进行练习，把它们烂熟于心，这样便于今后在孩子由于高度紧张而大脑一片空白时，也可以用上这些技巧。

呼吸：接受与改变的练习

要想“改变”紧张，首先要“接受”紧张以及身体的其他状态。在以下这个部分，我们先来讨论一些关于“接受”的技巧，即关注并接受身体发生的任何变化，然后再讨论“改变”的技巧。

呼吸，是学习接受与改变身体状态的最佳起点，因为呼吸时时刻刻伴随我们左右。我们很少有意去关注呼吸，这很正常，因为我们的脑力需要花在更有意思的事情上。但是，当我们紧张的时候，呼吸受到焦虑的影响，变得急促、短浅，有时还会憋气，而这种呼吸方式反过来会让警报持续大作，同时干扰解除警报的功能。

经过努力，我们可以增强对呼吸的察觉能力，并从中受益。有了这种察觉能力，我们既可以随时了解呼吸的当前状态，又可以有目的地去改变呼吸的方式，比如让呼吸变得深一些、慢一些，或者用鼻子吸气、用嘴呼气。这两种行为（接受呼吸和改变呼吸）对我们的身体、情绪以及思考能力都会产生深远的影响。当呼吸逐渐摆脱焦虑的控制，我们就可以更好地关闭警报、重置安全系统。心理学家马格瑞特·韦恩伯格解释说，无论是对呼吸的察觉，还是努力做深呼吸，两者都可以激活多条大脑神经通路，而这些通路在呼吸短促的时候是不工作的。

尽管呼吸一直与我们形影不离，但是大多数人对它并不了解。“呼吸探秘”是一个有趣的方法，你可以和孩子扮作科学家或侦探，去一步步发现焦虑和安全系统的真面目。花点时间体会一下，你的呼吸在平静和紧张的时候分别是什么状态：是倒吸冷气、大口喘气还是屏住呼吸？是短促还是深长？是快还是慢？是凌乱还是平稳？呼气和吸气哪个更长？呼吸时，身体哪些部位会跟着动？用不了几次，你就能获得很多关于呼吸的信息。

如果孩子愿意多花一些时间来关注呼吸（比如 10 到 15 分钟），那么你可以和他一起找个舒服的姿势坐下来，可以睁着眼，也可以闭上眼，然后把注意力集中到呼吸上。留意呼吸时气流的进出、鼻孔的变化、胸部和腹部的起伏等。只需关注呼吸即可，不需要刻意去改变它。随着你的关注，呼吸可能自然而然就会发生改变，也可能没有变化，这都没有关系。在这个过程中，你可能会走神，那是再正常不过的。一旦意识到走神了，只需要慢慢地让注意力再回到呼吸上就可以了。做到什么样都可以，至少你已经开始做了。这个方法就像是正念训练（mindfulness）的简化版（全套正念训练要复杂得多）。

静观呼吸而不去刻意改变它，是放松的一条途径。而直接控制呼吸则是另一条途径。有很多方法可以有趣地控制呼吸。

"三次深呼吸"：顾名思义，当孩子紧张得喘不上气时，你可以对他说："我们一起做三次深呼吸，慢慢地做！"

"喷火龙"融入了假想游戏的成分：让孩子想象自己是一条巨龙，负责保护宝藏，用鼻子吸气就是在仔细地闻周围有没有藏着小偷，用嘴呼气时就能喷出火焰。

"比萨饼香喷喷"也是一个简单的游戏：手里仿佛端着一张比萨饼放到面前，吸气时想象是在闻比萨的香味，呼气时像是要把热比萨吹凉。

更多的呼吸技巧，请参考本章的结尾部分。

身体各处的紧张反应

胃痛与头痛是童年焦虑的常见症状，但是焦虑也会影响身体其他部位，造成有些部位异常活跃，而另一些则受到抑制。紧张时，身体有些地方会感到紧绷绷的，有些地方会感觉发热，另一些会发冷——这取决于血流的走向。此外，身体还可能产生堵塞、麻木或空荡荡的感觉。

· 腹部、胸部与喉部

腹部有很多神经细胞，肠道神经系统是人体最复杂的神经结构之一。

或许这就是为什么人们常说“满腹心思”或者“心知肚明”。很多紧张的感觉都来自腹部，轻微紧张会让人觉得肚子里七上八下，中度紧张会引起胃痛，高度紧张则会让腹部产生刺痛和灼烧的感觉。缓解这些焦虑症状的一个方法是深呼吸，同时双手放在小腹上并跟随呼吸起伏。

胸部与喉咙也是焦虑和压力经常聚集的地方。这其中也许有生理原因，也许是因为人在紧张时会发生心悸、呼吸不畅或者说不出话，而给这些部位带来的感觉。总之，焦虑往往给腹部、胸部以及喉部带来淤积堵塞的感觉。

“让它叫出声”的游戏，可以帮助排解这种堵塞感。你可以问孩子：“要是你肚子里（或者嗓子里）那个难受的感觉会叫，那它的叫声会是什么样呢？你能模仿一下吗？它会说话吗？它要说什么？”不需要孩子真的说什么，只要发出一些声音就很好了。很多放松技巧的目的是平复情绪，但是有时候，我们只要让情绪发泄出来，目的就达到了。

焦虑会对喉部及声带造成直接的干扰，特别是对口吃的孩子影响很大。有些孩子紧张起来的时候，说话声音会非常小，甚至根本就说不出话来。面对这种情况，我会尽一切努力去帮助他们亮开嗓门。这听起来很简单，可是对于他们来说做起来却很难。我会鼓励他们尖叫、唱歌、吼叫或者大喊救命，哪怕大喊两声“呸呸！”也可以。但是，这些孩子往往不愿用响亮或者愤怒的声音表达自己的情绪，所以你可能需要以身作则，自己带头做一次。就算被他们笑话，那又怎样呢。

· 五大基本感觉

很多焦虑的孩子说：“别人说我想得太多了。”没错，这些孩子忽略了自己当下的真实感受，心里充斥着对过去的恐惧和对未来的担忧：“我们刚才差点儿就被车撞到了！”“万一闪电击中我怎么办？”

五大基本感觉，是用身体感知当下的直接途径。“活在当下”，即关注并接受此时此刻五大感官所接收到的任何信息，仅此而已，不用做出任何改变。仔细注意双脚踩在地面上的感觉、背部和臀部坐在椅子上的感觉，以及衣服、家具或空气给皮肤带来的感觉。此时此刻，你看见了什么？听见了什么？闻到了什么？尝到了什么？触碰到了什么？再闭上双眼，用其他感官感受一下周围，是不是有所不同？这个活动对于孩子也许最多只能做几秒钟，但是你自己可以尝试做更长的时间。为了更有趣地关注这些感觉，你可以花好几分钟，来慢慢咀嚼一粒葡萄干或者一瓣橘子。

大多数人经常是一有什么感觉，就急着添油加醋。例如，一个人觉得冷了，于是他马上告诉自己："我太冷了。不行，我冷得受不了！"甚至"我再也暖和不起来了！"这些多余的心思让一个原本正常的感觉变成了导火索，导致警报大作，结果让他以为自己真的快要冻死了，从而陷入极度焦虑的状态。活在当下，就是把注意力集中在当前的真实感觉，以此来减少胡思乱想的影响。

· 更多感觉

通过视觉、听觉、嗅觉、味觉和触觉，我们从周围的世界中获取信息。但是还有一些感觉在帮助我们了解自身的状况。例如，肌肉运动觉会告诉我们肌肉的紧张程度；本体觉告诉我们自身与邻近物体的相对位置关系；前庭觉让我们知道重力与速度对自身的影响。这些感觉密切地关系到安全系统作出的整体判断。想象一下，你如果突然摔倒了，那种突如其来的紧张感，就是这些感觉共同作用的结果。

"超级慢动作"的游戏，能够帮助你有意识地关注上述这些自身感觉。你和孩子一起调动身体各个部位，做出各种可能的动作，要非常慢并且幅度非常大。在这个过程中，时不时地切换到"超级快动作"的模式，上蹿下跳、全身抖动，这样持续几秒钟之后，再回到超级慢动作模式。在慢动作中间，你还可以试着和孩子慢慢地撞在一起，或者来一场慢镜头的决斗，这样游戏会更加好玩，减压效果也会更好。

对于焦虑时身体出现的紧张症状，有些孩子感到非常害怕："我喘不上气，心怦怦直跳，这肯定是出大麻烦了！"小小的紧张感一下子变成了重磅炸弹。应对这种情况的一个策略是：用安全的方式，有意制造出那些紧张的感觉，从而让焦虑的孩子慢慢习惯它们。我把这种策略统称为"过山车"，因为玩过山车的目的往往是通过紧张的感觉来寻求刺激，而这些紧张的感觉正是焦虑者想要尽量回避的。过山车的原理，就是在可控的前提下制造生理上的不适，以此让大脑认识到：这些感受没什么可担心的。参照这个原理，你也可以制造极度紧张时生理上的痛苦感，具体方法有很多，例如：坐在转椅上快速旋转，通过一根很细很细的塑料吸管来呼吸，尽最大可能地憋气，以及坐过山车（如果可能）。但是一定要注意，整个过程让孩子说了算。如果他叫停，就随时停下来。

· 皮肤

皮肤，是人体面积最广的器官。它也是一扇门，负责接收触觉所传递的疗愈心灵的能量。有些孩子高度紧张时，根本听不到我们所说的一个字，但却能够接收到我们通过抚摸而向他传递的爱与安全。假如抚摸让孩子变得更加烦躁，那么你就试着把手停在离他身体几英寸远的地方，就好像你在抚摸他身体周围的磁场那样。通常，你总可以找到一个安全距离，能让敏感的孩子既感受到"抚摸"，但又不会觉得压力太大。你甚至可以在这个安全距离内，假装给他做按摩或者拥抱他。

抚摸，对于安全感的建立至关重要，并且这一重要性贯穿了生命的始终。在第二次世界大战期间，约翰·鲍尔比发现孤儿院的孩子虽然衣食无忧，但只有在得到拥抱和抚摸后才会茁壮成长。我们虽然无法随时得到别人的拥抱，但是可以随时拥抱自己。眼动脱敏疗法的创始人、心理学家弗朗西·沙碧罗建议的"蝴蝶拥抱法"，就是一项简单而有效的练习：双臂交叉，左右手交替拍打肩膀，也可以轻轻地揉捏肩膀。沙碧罗发现，左右交替的运动能够同时激活左右两边的脑区，从而减缓焦虑，甚至可以帮助修复心理创伤。如果希望蝴蝶拥抱法达到最佳效果，那么你可以在练习的同时，在脑海里勾勒一幅安宁的情境，或者反复默念象征着安全感的字句，如“我很安全”或“和平”等。

以抚摸来安慰孩子，其实是在传递这样的信息：你很安全，我爱你，一切安然无恙。即便孩子长大了，已经不能像小宝宝那样坐在你腿上了，他们也依然需要爱抚。事实上，每个人都需要爱抚。在母乳喂养、拥抱、打闹游戏以及性爱的过程中，身体会释放出一种叫“催产素”的物质，它被称为“爱的荷尔蒙”。

当然，对于焦虑的儿童来说，不同的爱抚方式所产生的效果也不同。一位妈妈曾说，她用了很多年才找对门路，最能安慰儿子的方式是轻轻捏他的肩膀，而一个大大的拥抱只会让他更紧张。

· 运动系统

上天赋予了人类身体随意活动的能力，但是焦虑却常常会让我们呆若木鸡，或者动作僵硬刻板。所幸的是，很多运动能够帮助我们从紧张回归平静。

你可以和孩子一起，假装蚂蚁钻进裤腿里了，然后拼命扭动全身、四肢乱抖。有些孩子更喜欢情节舞蹈，那么你们就用身体来表演一场冒险，比如踮着脚尖穿过森林，划动手臂游过小溪，边跑边跳地追赶野兔，或者同一头熊一起翩翩起舞。之前提到的活力体操也能激活运动系统。

我还会鼓励焦虑的孩子伸长手臂、踮高脚尖，尽最大可能把身体伸展开来，因为他们常常缩起来，让自己变得渺小、不起眼。

把恐惧画出来，是一项极具象征意义的活动，它让恐怖的画面从头脑中走出来。这个活动的效果也很好，因为画画这种动作虽然简单，却同时涉及手指运动和创造性思维。对于大点儿的孩子来说，写日记也会达到同样的效果。

· 肢体语言

心理学家兼心理创伤专家彼得·勒文把焦虑的肢体语言分为两类：对抗 / 逃跑型和僵固型。对抗 / 逃跑型的孩子在焦虑时全身肌肉紧绷（肩颈部尤其明显），同时表情惶恐，目光躲闪，心跳加速，瞳孔放大，呼吸急促不稳，脸色发白，还可能会手脚冰凉或者出冷汗。僵固型的孩子在焦虑时往往萎靡不振，待在那里一动不动，双眼茫然，瞳孔缩小，呼吸和心跳变得十分缓慢，脸色惨白甚至灰暗。

一般情况下，我们的任务是要让对抗 / 逃跑型的孩子冷静下来，让僵固型的孩子活跃起来。安抚对抗 / 逃跑型的孩子时，你应该使用的是最温暖的话语和最慈爱的拥抱，并且采用较为温和的放松技巧，如倒计数或深呼吸。而假如孩子的肢体语言显示出他们正处于僵固状态，那么你应该选择那些好玩、动静大、有很多肢体接触的运动类方法。

· 小动作与焦虑性习惯

焦虑的孩子容易有各种小动作，例如咬指甲、敲东西、没完没了地动个不停等。许多父母觉得这些小动作是坏习惯，于是想方设法地采取奖励、惩罚甚至羞辱的方式，希望让孩子改掉。然而，这些行为矫正式的努力往往以失败告终，既让家长感到挫败，又让孩子感到羞愧。小动作和焦虑性习惯绝不是那么容易就可以改变的。当然，我们也不能袖手旁观，因为这些小动作意味着孩子正在被焦虑困扰。

本章提到的所有放松技巧和关注身体的技巧，如果假以时日，都可以帮助减少小动作。尽管如此，你可能还是希望了解更有针对性的方法。在继续讨论之前，请先自我反思一下，或者问问你的朋友：在孩子出现焦虑性习惯动作的时候，你的反应通常是什么？厌烦，尴尬，生气，还是无奈？你会不会禁不住想起自己的童年往事？如果想要帮助孩子，首先必须把自己的观点、感觉和回忆统统抛在一边，这一点非常重要。否则，你的“帮助”只会导致惭愧感甚至羞耻感。

有些小动作仅仅是因为精力过剩，因此通过增加运动量，以及更多的创造性自我表达活动（如艺术、写作、情景表演等），就可以有效地改善这个问题。当你希望孩子能够老实坐一会儿的时候（如写作业或去教堂的时候），就先让他跑几圈或者跳一会儿。很多老师和专业治疗师发现，如果让一些孩子手里握着一个弹力球，或者让他们坐在大龙球上（而不是椅子上），他们的注意力会更集中。

有些小动作是一种无意识的自我安慰，例如身体摇来摇去，抖腿，吃手，以及其他节奏性动作。如果孩子有这类行为，那么你应该增加与孩子的亲密拥抱，哪怕他已经很大了。给他做做按摩，抱起来摇一摇，让他坐在你腿上并搂紧他。如果他正在抖腿或者吃手，不要强迫他停下来，而应该尽可能用温柔的目光与他对话。

小动作的根本性质，我认为是大脑下意识回避不安的一种方式。当孩子正在咬指甲、吃手或者抖腿的时候，只要你把手非常轻柔地放在他的手上或腿上，你就可以真切地感受到一股压抑已久的情绪。你的任务不是说教与批评，而是传递爱与安全感：亲爱的，有我陪着你、支持你，你用不着靠这种习惯来压抑你的感受。此时，你可以轻轻拉一拉他含在嘴里的手指，但不要硬拉出来，只要让孩子感受到一点儿牵引力就可以了。切记：在尝试这些方法的时候，关键是要让孩子感受到你的爱与接纳，因为你希望他袒露内心，把深藏的感受向你表达出来，而他只有在感到非常安全之后，才会释放这些情绪。在面对这些焦虑性习惯时，只要你没有任何的指责和羞辱，你就已经提供了足够的安全感，那么当你把手轻轻放在孩子身上的那一刻，他就有可能会泪如泉涌或者大发脾气，最终宣泄出心中积压已久的痛苦或愤怒。

还有一个原因会导致孩子坐立不安、不断重复某一个动作，那就是感觉器官异常，尤其是感官超敏。超敏的孩子往往难以忍受外界对感官的刺激，例如他可能会觉得衣服特别扎，或者声音特别刺耳，于是只好下意识地给自己找点事情来分分神，让自己的神经系统安静下来，以此来适应环境。如果你发现孩子在听见某些声音、触碰到某些物品或者其他感官接触到某些刺激时出现紧张反应，那么应该及时咨询职业治疗师，或者阅读一些关于感觉统合的书籍。

打闹游戏：战胜童年焦虑的“旗舰”

· 打闹游戏

在打闹与对抗的过程中，孩子全身活跃了起来，增强了对身体的察觉意识，产生了大量的肢体亲密接触，加固了亲子联结，释放了孩子天然的“创造性生命力”——这是一种旺盛的童年活力，只是被焦虑禁锢了。如果孩子以前很少玩打闹游戏，那么刚开始的几次他可能会较真或失控。但是这个摸索阶段总会过去，孩子也一定会从中获得内在的信心和力量。

兄弟姊妹或者同龄伙伴之间的追逐打闹，当然充满乐趣。但是对于焦虑的孩子，打闹游戏则应该由父母陪着来玩，最重要的原因是打闹游戏会帮助大人与孩子之间建立起牢固的联结，而联结又是帮助孩子建立安全感的关键所在。记住，在每一次摔跤或枕头大战的开始和结束，你都要和孩子热情拥抱或击掌。玩的时候，选择那些有助于建立信心的游戏，让孩子调动全身、出尽全力把你按到地板上，然后你滑稽地向孩子求饶。你也可以和孩子僵持一阵子（注意，力道不要比孩子大），但最后还是让孩子赢得胜利（除非他为了测试自己的真实力量而要求你不遗余力）。但是注意，不要对孩子呵痒，那只会让他身体失控，结果变得更紧张。

打闹游戏的具体方式变化无穷，大多都能有效减缓孩子和父母的焦虑。我和安东尼·迪本德博士合著的《游戏打闹：培养孩子的自控力和抗挫力》一书中收集了很多方法，在此仅举几例。安东尼说，让他女儿安静下来的唯一方式就是运动类游戏，其中一个游戏叫作“睡觉的蝙蝠”。首先，面向孩子，握紧她的双手。然后让孩子双脚踩着你的腿和躯干往上爬，慢慢转过来变成头朝下的姿势，最后让她的双脚夹在你的腋窝下，就像蝙蝠倒挂在树上。或许是因为这样能让血液倒流向头部，或许是因为看世界的角度变了，总之倒挂的姿势能让孩子的情绪很快好转。

“隔空推掌”，是我最常用的打闹游戏之一。首先跪下身来，基本与孩子处于同一高度，跟孩子面对面，伸出双手，手臂弯曲，让你和孩子的手掌彼此靠近，但不要真的贴在一起，直到手掌间传来一阵暖暖的、酥麻的感觉，就好像双方手掌的“力场”碰在了一起。然后，用自己的力场轻推对方，但注意不要真的互相接触。这个游戏需要你和孩子之间配合默契，而默契能够大大加强亲子联结。年龄小的孩子稍加练习后也能玩这个游戏。

你也可以从“隔空推掌”过渡到真正的“推掌游戏”，也就是你和孩子的手掌真的贴在一起。推对方的时候，手臂保持弯曲，渐渐增加力度。如果你能保持与孩子完全一致的力度，那么你们双方都会原地不动，或者一起慢慢转圈。接下来，两人同时慢慢增加力度，注意不要让对方受伤或者摔倒。你们还可以在游戏中加入更多的竞赛元素，比如把对方推出地毯的范围或者推出房间。不要突然发力，尽量让游戏像一段双人舞，而不是针锋相对的比赛。很多掌握了推掌游戏的家长反馈说，孩子现在只要因为什么事情紧张了，就会主动要求玩这个游戏，直到情绪平静下来。

“抓不到我”，是另一个有趣的打闹游戏，年龄小的孩子尤其喜欢。这个游戏不仅可以让孩子信心大增，同时还能帮你和孩子建立亲密联结。在孩子屁股后面追赶他，眼看就要抓住他了，可还是让他逃掉了。你可以一边夸张地倒在地上一边吹嘘："下次你绝对逃不掉的！"这会让孩子乐不可支。当然，下次你还是让孩子逃掉，直到他心甘情愿地让你抓住他。

年龄大一些的孩子可以从"掰手腕"的游戏中获得信心。注意保持与他相等的力量水平，这样他会更加用力，而不会觉得压力过大。等他付出努力后，让他赢。总有一天，他会要求你全力以赴，好让他了解自己的真正实力。记住，掰手腕的目的不是磨炼孩子，而是给他注入自信心和安全感。就算你以前没玩过这个游戏，或者害怕做不好，那也应该试一试。每一局时间不用太长，30 秒钟足矣，中间休息一会儿再开始下一局。如果你小时候和兄弟朋友一起进行过激烈的掰手腕比赛，那么一定要记住，现在是在和自己的孩子玩，不要让游戏太有竞争性。我建议每个家庭都试试这个游戏，当然对于紧张焦虑的孩子，它的意义就更加特殊——帮孩子重获自信心与安全感。

放下抵触，尽情放松

光是读一读本章的内容，丝毫也不会减少你的焦虑；大声读给孩子听，对他也没有任何帮助。哪怕了解到再多的放松技巧和游戏，只看不做，也根本无法激活大脑的相关区域，从而降低焦虑程度。你和孩子必须亲身去做。行动起来，认真试试每个游戏。当然，你会经历一个艰难的开始，因为焦虑的孩子会习惯性地拒绝新事物，常驻他们内心的悲观情绪会在第一时间跳出来妄下定论："这招根本没用！"

在放松这件事上，我从不相信有"一招制敌"的方法，因为我们不能忽视一个事实：鼓励焦虑的孩子尝试新事物，从来就不是一件容易的事。在这个事实面前，父母渐渐失去信心，孩子则对父母的良苦用心感到厌烦。这并不是任何人的错，而只是因为紧张的本质就是“不能放松”，所以自然会抗拒任何放松和减压的方法。

有的人一紧张起来就会抵触放松。这听起来似乎有点奇怪，但其实很正常。辛辛那提大学的博士生克里斯蒂娜·卢贝托曾设计过一项心理测试，专门研究人们对放松的抵触程度。我姐姐戴安娜也属于这类人，当我请她给我提供一些放松技巧的时候，她回答说：“这我可帮不上你，太放松了反而会让我紧张。”

对于放松的抵触，你也许有过亲身体会，或者在孩子身上发现过。我认为，这种抵触情绪的根源，在于拉响警报和解除警报这两个机制之间的冲突。这两个机制都想帮我们获得安全感，然而它们所采取的方式却截然相反。拉响警报机制认为，只有高度戒备、随时应急，才能保证安全。可是解除警报机制认为，捧着柠檬汁躺在沙滩上才代表着安全。我们已经了解到，在焦虑的孩子的大脑中，最终决定权在警报器手里，那么沙滩和柠檬汁只好靠边站了。

假如你能意识到自己其实很安全，只是心里依然感觉紧张，那么你可能就会愿意尝试放松。但假如你坚信自己正处于危险之中，那么放松无疑是愚蠢的，你必须准备随时应对危机。这就是为什么孩子在极度紧张的时候，会愤怒地拒绝放松的建议。那个害怕雷雨的小男孩阿布有一次对妈妈说：“深呼吸根本不能阻止闪电击中我们！”

还有一个原因导致焦虑的孩子抵触放松，那就是一旦他们放慢速度、松弛神经，心里积压已久的负面情绪就会冲出来。我是好不容易才悟到这一点的。以前，我会向每位上门求助的成年人推荐瑜伽或者冥想，可是他们下次再来的时候，往往都是怒气冲冲或者担心得要命。原来这是因为瑜伽和冥想打开了心灵之门，结果恐惧等痛苦情绪汹涌而出，让他们以为自己丧失了理智。

现在我依然会推荐瑜伽或冥想，但是我会加一条提醒：一旦放松下来，卸掉了平日自我保护的盔甲，负面情绪就很可能会释放出来（某些焦虑的人不让自己有片刻的喘息，因为节奏稍一放慢，他就会遭遇自己一直逃避的那些感受）。没关系，只要有正确的引导，人们就一定能承受这种极端的情绪状态，甚至从中受益。

因虐待或伤病而遭受过心理创伤的孩子，往往抵触任何对自己身体的关注，因为过去那些经历会让他们误以为身体是造成自己痛苦的根源。在巨大的威胁面前，他们甚至曾经"逃离"自己的身体。这种精神上的逃离策略，就像麻醉剂一样能够让人暂时感觉不到那些难以忍受的疼痛。问题是，一旦为了躲避痛苦而逃离身体之外，再想找回身体的真实感受就很难了。逃离虽然能够暂时躲避某些痛苦，但同时也把放松的机会拒之门外了。

尽管这里主要讨论的是如何排除孩子对放松的抵触，但我还是要不断地强调：不要催得太急，不要逼得太狠。孩子抵触放松，一定有他的理由。如果抵触很强烈，那就换一些方式，增加更多的肢体接触，尤其要记住放松的前提是共情。告诉他："我知道你现在很害怕，没办法放松下来。我能在这里陪你一会儿吗？还是让我抱着你？这样你就不会一个人害怕了。"对于遭受过严重心理创伤的孩子，尤其不能着急。这些孩子的身体总是与强烈的恐惧感连在一起，因此他们需要通过拥抱和游戏等方式与你建立亲密联结，然后才能够放松下来。心理创伤的幸存者只有在建立足够的安全感之后，才能去关注和察觉自己的身体。

对于大多数容易紧张的孩子，你只需要"轻推一把"，他们就能放下抵触。在轻推的时候，请记住以下四个基本原则：

- 同孩子一起做。
- 让孩子做主。
- 让这个过程变得好玩。
- 不要较劲，以免发生冲突。

首先，同孩子一起放松，可以有效地疏解孩子的抵触情绪。这样做还有个好处，因为你自己可能也需要放松。“我们一起来深呼吸”比“你应该去深呼吸”要有效得多。有位妈妈说：“每次我女儿需要调整情绪的时候，我其实也一样！如果她看到我是在真的放松自己，而不只是要逼她做，那么她会更愿意深呼吸。”

其次，许多家长发现，孩子如果在这个过程中能够自己做主，那么他们会更加积极。有个叫丽娜的小女孩，从前一直拒绝妈妈提出的放松建议，直到在一次学校的瑜伽课上，她找到了自己喜欢的放松方式。“我女儿在瑜伽课上发现，静静地仰卧可以缓解她的坏情绪。她非常喜欢那个瑜伽教练，因此在课程中同教练以及朋友们躺在一起的体验，对她来说是个非常愉快的记忆。现在，我只需要稍微提醒一下，她就会去用这个方式放松自己。”

接下来，就是让整个过程充满乐趣。好玩的过程甚至会让孩子在不知不觉中放松下来。布兰达想教会孩子正念的技巧——关注并接受当前感受的技巧（而焦虑会让人忽视此时此地的感受）。然而麻烦的是，布兰达有4个孩子，最小的5岁，最大的11岁。她很难说服孩子们一起安静地坐下来并关注自己的呼吸。相比之下，她的“糖果冥想法”却大受欢迎（假如你不喜欢糖果，也可以换成葡萄干或别的小零食）。布兰达介绍说：“我先给每个人发一颗糖，等大家吃完后，我再发第二颗。第二颗与第一颗是一模一样的糖果。这一次，我们把糖含在嘴里慢慢品尝，仔细体会它的大小、形状、质感和味道，以及一分钟后和两分钟后这些方面都会发生什么变化。我们还会关注自己内心的想法：想快点儿嚼它吗？觉得无聊吗？希望一包糖都是自己的吗？吃完第二颗糖以后，我们会讨论刚才这个过程中的体会，以及如何通过放慢节奏和加强关注来应对平日的困扰，比如被人嘲笑或者遇到大狗等。我让孩子关注自己的呼吸，他们从来就不听，但是借助一颗糖果，他们明白了只要专注于当前的身体感受，就能够让自己暂时摆脱那些焦虑的念头，得到一定程度的放松。”

最后，不要较劲，更不要发生冲突。较劲和冲突本身就是不轻松的事，要是为了放松而争吵，那不是得不偿失吗？避免冲突的最佳途径，就是先给予孩子大量的共情。我还建议你在帮助孩子之前，先花些时间给自己减减压，或者找个朋友宣泄一下心中的烦恼。我的朋友达斯汀再也不问女儿“要不要来一起放松”了，因为她的回答一定是“不要”。现在，他只是在房间里找一个显眼的地方，自顾自地做放松运动，结果他的女儿常常会主动加入。

有一天，我目睹了这样一幕：7 岁的男孩亚特在房间里不停地蹦来跳去，他的父亲道格试图让他安静下来。道格是我的一位朋友，他和妻子因为儿子动不动就紧张、经常发脾气的状况，曾多次向心理医生求助。就在我和道格聊天的过程中，横冲直撞的亚特好几次“不小心”撞到了小妹妹正在睡觉的婴儿床。我能看得出，道格当时一直在强压怒火。

终于，道格冲亚特喊道：“你现在闭上眼睛，想象一个舒服的地方，让你自己安静下来！”可是亚特还是继续上蹿下跳。

道格眼看就要爆发了。我猜他当时心里在想：“心理医生的观想法我试过了，没用！现在必须冲他大吼，让他知道不听话会有什么后果！”

其实，道格刚刚建议的观想法是很好的，只不过这个技巧所适用的紧张值是 3，而不是 8。孩子不可能一下子就从狂躁（8 以上）恢复到安静（3 以下），这个跨度太大了。于是我对道格说：“我觉得让亚特在到处乱跑的时候观想一个舒服的地方，可能不那么容易。还有什么稍微折中一些的办法吗？”道格马上找到了一个办法。他邀请亚特和他一起翻跟头。亚特离开婴儿床，在地毯上一连翻了好几个高难度的跟头，之后就一直坐在道格的腿上安静地和爸爸说话，再也没有打扰妹妹睡午觉了。

“巴布呃”的故事，讲的是马瑞琳和儿子康纳怎样一起消除对放松的抵触。

对于 8 岁的康纳来说，最大的恐惧莫过于担心家里人遭遇不测。如果他爸爸哪天没有按时回家，他的焦虑就会飙升到顶点。在最初的几次治疗中，我和康纳一起尝试了几个放松的技巧，他都能欣然接受。然而回到家以后，当马瑞琳催促康纳用新学的技巧来放松的时候，康纳开始抵触了。他不但不愿意尝试这些技巧，而且还不停地唠叨“爸爸还没回家，可能出什么事了，要是爸爸死了这个家会变成怎样”，等等。可以想象，紧张的气氛越来越重，结果不仅康纳的焦虑没有减退，而且他和妈妈彼此还越来越生对方的气。

当我们再一次见面的时候，我得知母子之间产生了冲突。我对康纳说：“你担心的是‘爸爸还没回家’，你妈妈的担心是‘康纳很紧张’，于是你们才会大吵一架。你们吵架是因为你们之间出现了一个新问题，这个新问题是‘你们担心的事情不一样’。”康纳想了想，说：“那我们就把这个新问题叫作‘巴布呃’。”他解释说，在“巴布塔”的故事里，人们因为说的语言不一样而彼此争吵，而现在他和妈妈就像是在说不一样的语言。他紧接着解释了“呃”的意义：在同妈妈争吵时，他经常感到非常想说清楚什么，可就是说不出来。“呃”就代表着“想说却说不出”的感觉。

现在这个问题有了名字，解决起来就容易多了。只要马瑞琳或者康纳任何一个人说一声“巴布呃”，他们就会停止争吵，同意换成“相同的语言”继续交流。有时马瑞琳会温柔地安慰康纳，说爸爸没事；有时康纳会尝试他最喜欢的放松技巧“我的双手又厚重又温暖”；而有时他们轮流使用上述各种方式，每种持续 5 分钟。母子两人都认为，使用哪种方式都无所谓，最重要的是不再陷入“巴布呃”的僵局里。

“有什么意义呀？根本没用！”这句话是不是经常被你挂在嘴边？不抱希望的情绪，会慢慢渗透到容易焦虑的孩子的心里，使他们更加没有尝试新事物的热情。每次我听见“没用”二字，就会给孩子们讲一个笑话：一个葬礼上，大家都在默哀的时候，有个声音从后面传来：“给他喝点鸡汤！给他喝点鸡汤！”人们四下张望，看见一位独坐一旁的老妇人不停地叫着：“给他喝点鸡汤！”大家都不知所措，最后有人走上前客气地说：“但是夫人，那已经没用了。”老妇人耸了耸肩说：“试试也无妨嘛，总不会有害处！”

我不能保证哪个技巧一定有用，但我相信，这些方法都值得一试。

平静的身体，平静的心

父母们总是想尽办法要控制孩子的理智脑（思考脑）。我们不停地给孩子分析、解释。我们敦促孩子运用语言来表达自己，因为我们知道他们足够有能力。但是再多的思考和再多的话语，往往也解决不了焦虑的问题。

不论愿不愿意，我们都必须面对孩子的身体感受，因为紧张的身体会阻碍理智脑的运行。为了减轻焦虑给身体带来的痛苦，我们需要向孩子提供大量的爱与拥抱，增加愉快的肢体接触游戏，帮助孩子练习调整呼吸，以及其他放松技巧。

假如你从头到尾读完了本章，而中间没有停下来尝试任何技巧或游戏，那么请挑选一些方法尝试一下。焦虑的孩子常常抵触放松的建议，因为他们认为这些“建议”起不到作用。如果不做，建议本身当然没用！但是，如果你自己先尝试过这些技巧，你就能更好地说服他们。你和孩子会发现，当你们真的专注于呼吸、关注自己的身体、体会此时此刻的感受，就会发生重要的变化，你们最终也会走出担忧、走出焦虑。

其他的身体放松技巧

“吹灭蜡烛”。这是一位英国的祖母介绍的深呼吸游戏：“在茶几前的地板上铺一堆沙发靠垫，我和孩子舒舒服服地坐进靠垫堆里。接着我在茶几中间点一支蜡烛，然后我们使劲吹气，把蜡烛吹灭。蜡烛吹灭后，我们就缩在舒适的靠垫堆里一起讲故事。如果你担心蜡烛不安全，也可以用一支羽毛代替。”

“双手配合呼吸”。这个练习既能帮助孩子注意呼吸的现状，又能帮助呼吸加深和放慢。一只手放在胸口，另一只手放在肚脐下侧的小腹上。每一次呼吸时，感觉双手的起伏。放在下面的那只手也在起伏吗？接下来，在呼气的时候，用手轻轻挤压胸部和腹部，然后在吸气的时候手放松，这样可以帮助吸得更深。还可以把手放在肋骨两侧，让双手随着呼吸向两边移动。很多人都没有注意过，呼吸时胸部不仅向前扩张，而且还向两侧扩展。

“传递太阳能”。呼吸时，将一只手放在上腹部正中，想象你的手正在向位于这里的太阳神经丛（因为其神经纤维的发散形状像太阳光而得名）传递温暖。太阳神经丛的温暖感会向身体发出放松的信号。这个技巧通过想象的温暖带给身体真正的温暖，能让你充分体验到“意识驾驭身体”的强大力量。

“温暖双手，冷却神经”。人在焦虑时，腹部和胸部开始郁积能量，而这个技巧可以转移这些能量。既然焦虑会影响血流走向，那么你也可以通过有意识地改变血流走向来降低焦虑。快速搓手或者用热水冲手，会使双手血液增多。当双手双脚的血液增多时，大脑就认为周围一切正常，因而就会关闭身体中“对抗 / 逃跑”的本能机制。有意思的是，用冷水洗手或者手里拿着冰块，也会刺激血液流向双手，因为身体会本能地保持双手的基本温度。不管用哪种方式，只要有较多血液流向手脚，焦虑就会得到减缓。

“刺激感官”。焦虑不仅妨碍我们获得纯粹的快乐，还妨碍我们关注生活中美好的细节。焦虑让我们认为：只要不是关于危险的，我就用不着去了解。我们可以通过专门的刺激感官来清除障碍。最常见的方法包括：闻一闻清香的味道，欣赏美丽的图片或风景，尝尝美食，听听轻柔的声音或音乐，摸一摸柔软丝滑的布料，等等。让自己放慢节奏，从这些体验中获得充分的享受。

刺激感官的方法虽然不一定马上见效，但是值得付出时间和精力去尝试。一位父亲发现，孩子被一定的重量压迫时会感觉更放松：“我有两种方法。一是在聊天的时候，我把手重重地搭在他的头或肩膀上，这种压力常常让他感到很舒服，即便当时我们的话题很严肃，他也不会避讳。另一个更好玩的是‘卷饼游戏’，他蜷缩着躺在一张毯子上，我先像擀面饼那样把他擀平，然后假装在他身上放各种馅料，最后用毯子把他卷起来。他很喜欢这个游戏。游戏既让他释放了紧张，又带给了我们真正的亲密接触。每次玩完，我们都会增加彼此的好感。”

“好玩的烦人鬼”。当孩子处入僵固状态或者自我封闭时，他们需要大量的爱和关怀来建立安全感。同时，他们还需要有人把他们从藏身之处轻轻地拉出来。我经常扮作一个烦人鬼凑到孩子身边，还把脸贴过去。我会把握好分寸，只让孩子觉得我有点烦人，但不至于令人生厌。如果他们表现出不自在，那么我就往后退一点儿。如果他们笑起来，我就保持这种接触。这就是斯坦利·格林斯潘（Stanley Greenspan）所说的既烦人、又好玩。处于僵固状态的孩子往往全身懒散松弛，因此我会把他们抱在腿上颠一颠，或者把他们举起来，这样可以激活他们的前庭系统和本体系统，从而帮助孩子回到现实世界，重新与人交流。

“兔子、乌龟和蜗牛”。这个游戏是我从一位英国祖母那里学到的，适用于非常兴奋而无法安静下来的孩子。在孙子兴奋过度、不去睡觉的时候，这位祖母就和他玩这个游戏：我们假装比赛跑步，第一圈是飞跑，就像兔子那么快；然后每过一圈我们就放慢一些速度，比如像乌龟那样慢；最后我们就像蜗牛那样一点儿一点儿拱到床上，自然而然就到入睡的状态了。

本章要点

- 打闹游戏，堪称战胜童年焦虑的“旗舰”。在打闹与对抗的过程中，孩子全身活跃起来，增强了对身体的察觉意识，产生了大量的肢体解除，加固了亲子联结，释放了孩子天然的“创造性生命力”——这是一种旺盛的童年活力，只是被焦虑禁锢了。
- 对于大多数容易紧张的孩子，你只需要“轻推一把”，他们就能放下抵触。在轻推的时候，请记住以下四个基本原则：

  - 同孩子一起做。
  - 让孩子做主。
  - 让这个过程变得好玩。
  - 不要较劲，以免发生冲突。

第4章

临界点——进与退的抉择

因为儿子一度很怕滴眼药水，所以我们尝试玩“停走停”的游戏。玩的时候，我拿着眼药水从房间的另一头慢慢地走向他，他说“走”我就走，他喊“停”我就立刻停。只要他喊“停”，我就会被“定住”，每次他都乐得前仰后合。要知道，以前他可不是这样，只要一看见我手里拿着眼药水，他就紧张得不行。当我终于走到他身边时，我问：“滴一滴在你的鼻子上，怎么样？”他说好。眼药水在鼻子上痒痒的感觉又让他咯咯乐起来。很快，他主动提出滴一滴在眼睛里，之后又让我滴另一只眼睛。真是太棒了！

—

一名4岁男孩的妈妈

有一天，我姐姐阿莉萨和我一起去了卡茨基尔山的瀑布景区。当我们走到距离悬崖还有 20 米的地方时，她就站住了，让我自己一个人往前走。我以前并不知道她居然恐高。于是我建议帮助她克服恐高。起先她同意了，但很快又反悔了。我向她保证，我们每向前迈一步，都一定等她做好充分的思想准备。我站在她身边，问："我们是不是可以向前走一小步了？"她有点发抖，并且因为紧张，不自然地笑起来。其实，我们离悬崖还非常远，但这时她紧张的大脑中只有一个声音："我们离危险越来越近了！"就这样，我们每走一小步，都会停下来让她"大笑"一会儿。在这个过程中，她会表示动摇或者跟我讨价还价："不行了不行了，咱们回家吧！"这时我会安慰她："回家就彻底安全了，不过咱们现在也可以待在原地不动，这不也没有危险吗？"有好几次，我们甚至需要后退几步，才可以让她感觉能松一口气。但是其实没用多长时间，我们俩就已经躺在悬崖边的一块石头上，俯视倾泻而下的瀑布了。在那之后不久，她居然可以乘着缆车上山，并且在蜿蜒陡峭的路段，第一次没有闭上眼睛。

为了克服恐惧，我们必须来到悬崖的边缘，这里是危险与安全的临界点，前面就是危险，而身后就是安全地带。然而，我们心中那个"恐惧的边缘"，也就是"心理临界点"，却不像"悬崖的边缘"那样清晰可见。例如：你的女儿离小狗多近就会开始感到害怕？你的儿子在距离学校几分钟车程时便会开始紧张？

在第 1 章中，我曾描述过游泳池边的四个孩子，他们经历了不同形式的紧张。把头埋在妈妈怀里的那个最小的男孩，恰好在临界点上。在妈妈怀里时感觉安全，再靠近游泳池一英寸，他就会觉得危险。于是，教练温和地帮他一点点调整临界点，以便让他越来越靠近水边。那个 6 岁的女孩游得很开心，她本来没什么问题，但突然溅到脸上的水花却打破了她的心理平衡，把她推到临界点之外，也就是危险的那一端。那个执拗地声称自己讨厌游泳的男孩（其实他这一周都在盼着上游泳课），早已越过临界点，完全被恐惧淹没了，虽然他的恐惧被包装成愤怒的样子。他歇斯底里地嚷嚷着要回家，为的就是远离临界点。最后是那个跳水的小姑娘，她游移在临界点边缘，恰到好处的压力让她专注在跳水这件事情上，可惜对竞争对手的一瞥，又把她甩出了临界点的安全范围。

有些孩子还没去游泳池就怕得不行，他们的临界点是家里的大门口，所以在出门前他已经有了一堆无比恐惧的想象。因为极度谨慎，他们的确能避免任何风险，但同时也失去了一种快乐和一项求生技能。

临界点，是一个重要的心理地点，在这里面对恐惧时，我们虽然感到害怕，但仍然可以有所行动（至少我们可以再向前迈一小步）。很多孩子在游泳课上并不怕水，也不怕离开父母，那么他们可能会主动寻找一个临界点，比如试试能在水下憋气多久。而那些喜欢刺激的孩子就会更加激进，他们甚至享受在临界点之外有点失控的感觉。另外一些孩子则会谨慎一点儿，对他们来说跳进游泳池并不轻松，他们在游泳池边上会感到害怕，但这种害怕还不足以让他们失控。这样的孩子在游泳课结束后会有成就感，并且在心里更有把握：下次游泳课时不再会那么害怕。

前进，还是后退？

游泳池边永远都有一些不敢试水的孩子、一些坐在游泳池边纠结的孩子和一些毫不犹豫就一头扎进水里的孩子。除此之外，还有一小部分强迫自己游泳或潜水的孩子，他们因为过于紧张而丝毫感受不到游泳的快乐。我把这个类型叫作“咬紧牙关”型，他们始终把自己绷得紧紧的，为的就是硬扛过那些难以承受的恐怖感受。从表面来看，“咬紧牙关”型的确把事情做到了，但他们打心底不觉得游泳是一项放松的、享受的运动。因此，下次再游泳时，他们依然会紧张，甚至比上一次更加紧张。

人们在面对害怕的事物时，通常有四种反应：

- 极力逃避：远离让你害怕的东西。如果你逃避成功了，你的确不用再紧张，但同时你也失去了体验新鲜事物的机会，因为你把害怕的感受连同那个东西通通隔绝在外。
- 情绪失控：试图逃避但失败了，导致情绪彻底崩溃。
- 咬紧牙关：不管是因自己还是外力所迫，你靠咬紧牙关、握紧拳头、紧绷全身肌肉等方法最终完成了某件事情，但正因为如此，你也失去了正面对待真实感受的机会。
- 直面感受：在一步一步接近挑战目标的同时，慢慢体会并处理自己的恐惧感受。这个过程有时也叫“暴露疗法”，是大多数焦虑症治疗方法的核心。

为了帮孩子摆脱焦虑，我们需要帮他们在“直面感受”的状态里停留一会儿。处在“情绪失控”和“咬紧牙关”状态里的孩子需要更多安抚和疏解，而“极力逃避”的孩子则需要我们轻推一把。这让我想起一句话，是从同事戴维·特林布尔那里听来的，而这又是他的牧师父亲告诉他的：“我的工作就是使痛苦的人得到安慰，使安乐的人感受纷扰。”

下面，我们一起来更详细地探讨这四种状态。

· 情绪失控

被情绪淹没的孩子会完全失控，几乎丧失理智和逻辑。他们要么吓得蜷缩在角落里瑟瑟发抖、身体僵硬，要么极易激动、愤怒或者动个不停。这样的孩子通常还会逃避眼神交流，有些人喜欢把头埋进爸爸妈妈的怀里、衣服里，或者躲在被子里、床底下。而另一种相反的类型则是变得极具攻击性，特别是在他们已经情绪失控时还被逼着面对恐惧。

如果情绪失控的孩子还能说话，他们一定会像着了魔似的重复：“不要！不要！我受不了啦！我害怕！”在这种状态下，孩子完全失控了，而且体会到的是极度的痛苦，同时对父母来说，也容易产生极大的挫败感。由于孩子这时完全失去理智而无法沟通，讲道理或任何劝解都无法奏效，引导放松的建议也会被当成耳旁风，甚至爱和亲密的表达都会被拒之门外。此时，孩子根本无力学习，即使做到某些事情，他也不是在放松的状态中完成的。他大脑里负责“解除警报”的机制完全瘫痪，根本无法知道自己其实是百分之百安全的，并不需要紧张。

我们都希望把孩子带向临界点，让他们完成自我挑战，就像我轻推我姐姐时做的那样。但是那些情绪失控的孩子，并不是没有到达临界点，而是早已越过太多，因此对于他们，我们首先要做的是把他们拉回“安全区域”，否则他们什么都干不了。情绪失控的孩子，真正需要的是亲密和安抚、包容和接纳、尊重和共情。你尽可以放心，有了这些，他们一定能找到自己的临界点，重新出发。

· 极力逃避

除了世界上那一小部分“无所畏惧”的人，我们当中的大部分人都有害怕、想逃避的对象。比如我自己，这些年已经克服了许多恐惧，但至今仍没有勇气尝试滑雪。不过，焦虑的孩子会过于逃避，而过于逃避则会造成两个问题：第一，错失生活中的很多精彩；第二，如果不正确处理，那么他会变得更加脆弱。孩子需要在历练中获取自信，甚至安全感的获得也离不开历练。

逃避和避险并不是一回事。避险是指遇到危险时我们有意识地掉头跑开。我们很清楚自己在怕什么，也知道这时的恐惧是一种自我保护本能。逃避则不同，我们很少同自己逃避的对象“正面交锋”，甚至根本就没意识到自己在害怕、逃避。我们一直在逃避的，并不是真正的危险，而是“有危险”的感觉。这也就是为什么容易紧张的孩子总是否认自己紧张的原因。

有时候，逃避的对象被我们隔绝得一干二净，似乎它根本不存在。但事实上，那些伴随逃避而来的麻木与空虚，比我们逃避的任何对象本身都要严重得多。

我的同事曾跟我分享过一个有关“逃避”的极端的故事。一位名叫韦恩的美国老兵，在我同事那里接受心理治疗时偶然提到，他家离公司其实特别近，可他自己开车上下班居然要花 1 个小时。我的同事对此十分好奇，而韦恩却一点儿也不觉得有什么新奇。（好奇和逃避是两种截然相反的心态，因此当一个人对一件事采取逃避态度时，他是很难对这件事抱有好奇心的。）

后来，治疗师说服韦恩从地图上看一看他的上班路线图，结果韦恩发现自己每天莫名其妙地多绕好几英里去上班。后来，治疗师终于明白了真相：如果韦恩走最短的那条路线，就会路过一片墓地，而那里埋葬着他曾经的亲密战友。虽然这一切都在无意识中进行，但韦恩的确一直在为自己

“精心”寻找一条逃避之路。经过一些时日，他竟越绕越远，为的就是不再想起老朋友的逝去。当然，韦恩大脑中的某个部分一定知道他在逃避什么，不然不会逃避得如此巧妙。只是他大脑中的另一个部分，却不让他意识到这件事。

最终，我们逃避的那些事情还是会以某种形式回到我们的生活中，比如引发一些与此相关的祸事，以提醒我们留意那些曾经沉睡却从未消失的感受。

逃避的态度，还会妨碍我们从历练中获取必要的安全信息和技巧，从而导致“安全系统”无法在信息充分的基础上，做出更好的理性评估。也许这个世界上并不存在可怕到无法承受的恐惧。同样，也不存在绝对的安全和平静。

最后，韦恩的治疗方案是，径直开过墓地，并告诉自己：想起去世的战友并不会毁掉他的生活。这个过程会让韦恩感到痛苦，但不是不可能做到。何况直面痛苦还会带来意想不到的收获：那些有关战友的美好而温暖的记忆重新涌上心头。

韦恩的故事中最诡异的部分是，他想方设法绕开墓地却不自知。同样，我们对自己的紧张也常常没有察觉。当这种不受欢迎的想法或情绪试图闯入我们的意识中时，我们就会咬指甲、拽衣服、用手指敲桌子……这是大脑的更深层部分发现了它们，随即迅速下达了“屏蔽”的指令。大脑中这个有时被称为“隐形哨兵”的部分，负责的就是隐藏那些不被欢迎的想法和感受。

就这样，在一些小动作的掩护下，我们常常意识不到自己的紧张。有一次，我和一位朋友讨论“怕黑”的话题，她说自己不怕黑，但之后又在无意中提到她睡觉时会留一盏灯。我听后大笑，她当然不用怕黑啦，开着灯呢！我问她，如果关灯睡觉会有什么感觉？她答不上来。没人喜欢被别人揭伤疤，因此，她仍然坚持说不怕黑。

逃避还常常伴随着自欺欺人："我不怕参加聚会，我只是不喜欢那些人"，"我今天就是不想去上游泳课"，或者"我喜欢绕路去上班"。其实找到一些规律后，我们就比较容易识别出孩子的逃避情绪。比如，你的孩子是否时常对一些事情表现出浓厚兴趣但很快又失去了兴趣？你的孩子是否讨厌尝试一切新鲜活动？如果你挑明孩子正在逃避的事情，他会不会大发脾气？或者在挑明后，你们还有没有可能平静而理智地聊聊这件事？

逃避终究不是长久之计，它总有被引爆的那一刻。当逃避之事赤裸裸地摆在我们面前时，我们唯一的下场就是情绪彻底失控。我们逃避的时间越长，最终要面对的"暴风雨"就越猛烈。这好比我们将一张信用卡账单锁在抽屉里，选择去遗忘它，终有一天我们还是得自己偿还这份账单，以及越滚越多的利息。

当孩子正在逃避一件事情时，你很难用理智与他进行沟通和劝解。这一点，同面对情绪失控的孩子是一样的。他们也不愿被人点破，一旦感觉到败露的风险，便会爆发极大的愤怒，以掩盖被人戳穿的难堪。他们一定会拼尽全力阻止伤疤被揭开。

虽然上面说了这么多逃避的弊端，但事实上偶尔为之还是必要且有益的。我们必须有放松和休息的时候，不能每天 24 小时都面对恐惧。这也是为什么一周只能做一小时心理治疗的原因。如果一周治疗 40 或者 80 小时，那可让谁都受不了。偶尔的回避不一定是坏事，但假如我们时时、事事都采取逃避的做法，那么它一定会大大影响我们人生目标的实现。

· 咬紧牙关

"咬紧牙关"指的是，人在面对恐惧时通过绷紧肌肉、握紧拳头、咬紧牙关等方式让自己麻木，从而扛过恐怖的考验。如果你确定眼前的害怕是一次性的，咬紧牙关还是管用的。但如果你真心打算战胜它，那么这个方法就毫无裨益了。因为在麻痹自己、忍受恐惧的过程中，我们将一无所获。你甚至没有机会弄清一个事实：紧张来自自己的担心，而非真实的危险。正因为如此，那些焦虑的孩子的父母时常会不解地说："我真不明白，上个星期不是还好好的吗？怎么现在又这么害怕？"

埃兹拉是我的一位成人患者，他害怕乘坐飞机，但又由于工作原因而不得不做个"空中飞人"。于是每次登机前，他都必须戴上耳机，把音量开到最大以缓解紧张情绪。他总是拖到最后一刻登机，一登机便迅速冲向自己的座位，然后紧握座位扶手（如果太太在身边，就钳住她的手）。整个飞行过程中他一直憋着不敢喘大气，以至于会大脑缺氧。对他而言，每一次安全着陆并不是"飞行并不危险"的证据，而是"又一次幸免于难"。这就是典型的"咬紧牙关"的表现。

在我自己的记忆中，印象最深的一次"咬紧牙关"，是在约书亚树国家公园的攀岩之旅。这次旅途中有好几件让我紧张的事，但直到随行教练让我们顺着绳索攀下悬崖，我才真正吓坏了。我记得自己站在悬崖边上，背对着万丈深渊，教练让我蹲下，并确认攀岩绳索的安全性，我只听见自己说："好的，我蹲下了！"这时教练在一旁哈哈大笑起来。原来，我一直站得笔直笔直的。我确实给身体发送了"蹲下"的命令，可"它"却一动不动。我真的太紧张了，居然不知道自己根本没动弹。后来，我终于让自己弯曲到合适的角度，并咬紧牙关下了悬崖。一到地面，我便立刻放松下来。后来有人问我，有没有看见悬崖壁上的鹰巢。当然没有！忙着害怕的人怎么可能有工夫留意别的！我其实很想再体验一次，也非常珍惜这次难得的经历，但当时我已经没有机会了。这就是"咬紧牙关"的负面后果。

"咬紧牙关"的状况是，我们已经无路可退，所以不得不使尽全身力气隔绝真实感受。这个过程可一点儿也不平静，一点儿也不放松。从某个层面来说，感受被隔离了，但从另一个层面来看，紧张指数丝毫未减，它不过是被掩藏起来了。有些抗焦虑的药物，如苯二氮䓬，也是起类似的作用。你的确让自己扛过了恐惧经历，但由于没有直面感受，因此你几乎一无所获。举例来说，假如你有严重的"畏蛇恐惧症"，你服下足够剂量的抗恐惧药物后，就能放松地让一条 3 米长的蟒蛇缠绕在你脖子上。但一旦药效消退，你对蛇的恐惧就会有增无减，因为你已经有了蛇缠绕在脖子上的鲜活感受。你是扛过来了，但"安全系统"却没能得到升级或重置。

咬紧牙关通常都是在无意识中进行的，只有我们清楚了它的运作模式后才会恍然大悟：原来处处可见它的踪影，包括我们自己也一直重复着这样的举动。

一个名叫克拉拉的女孩欣喜地发现，自己惯用的做法居然有个特定的名字。她知道自己曾多次靠"咬紧牙关"度过了那些令她紧张的时刻。同"极力逃避"一样，只要不过度使用，它就是协助我们渡过难关的好帮手。但是，就连克拉拉这样的小女孩都知道，从长远来看，它并不能消除焦虑，所以她需要另一个全新的方法。

· 直面感受

一天下午，一位名叫伊森的大学生来到我的办公室。他告诉我，他刚度过了人生中最美妙的一周。他在幼年时曾经遭遇严重的家庭暴力，后来甚至影响到学业。我暗自希望是之前的治疗正在起作用，所以很开心听到他分享这个好消息。他说，有一天他连续哭了几个小时，他在恐惧和愤怒中颤抖，后来连衣服都全部湿透了。我问他，这个经历的美妙之处在哪里？他回答："你没有发现吗？那些过去对我来说仅仅是词汇的东西，我现在居然能感受到它们了！"

这就是直面感受的力量。从前，我接待过很多勇敢的人，他们从痛苦的感受和记忆中重新站了起来，但我还从未遇到过像伊森这样，能尽情享受这个经历的人。

伊森让感受宣泄，而不是被它们控制，这正是“直面感受”和“情绪失控”的本质区别。面对和体会感受时会很不舒服，但并不是无法承受。直面感受的孩子可以与父母目光交流，也接受来自父母的精神支持，这样的联结能有效地保障孩子的安全感，而这对于“情绪失控”或“咬紧牙关”的孩子来说，几乎不可能。

还记得埃兹拉吗？那个“咬紧牙关”的代表，他一坐飞机就要靠转移注意力、紧握座位扶手甚至屏住呼吸来熬过每一次飞行。我当时给他的建议就是正面面对和仔细感受自己的恐惧。我让他下次乘飞机时，对整个过程和感受都保持察觉，每一件事都慢慢地做、慢慢地体会。他被这个主意吓坏了，但出乎我意料、也出乎他自己意料的是，他居然去尝试了。他让自己站在了登机等候队伍的最前面，快到登机时他就假装忘记了什么东西，然后偷偷溜到队伍的最后面。随着排在他后面的人又渐渐多起来，他慢慢地、从容地呼吸着，四周望望，观察一下别人脸上的表情。从头到尾，他没再戴耳机。等再一次轮到他登机时，他又跑到队伍后面，让自己更加充分地体会这恐怖（其实安全）的登机过程。

终于，埃兹拉登上了飞机，他非常缓慢地走向自己的座位，并尽量和途中遇到的人有目光接触。到了座位上，他开始用手做“收紧—放松肌肉”的练习，并且留意自己的每一次呼吸。他还不断在脑子里演练“下飞机-重新登机”的过程，这个玩法对他来说是个不错的消遣。后来，他突然意识到自己在微笑，这让他吃了一惊。从那时开始，飞行对他来说不再是件难事了。

他自创了“与别人进行目光交流”并“观察别人的表情”，这些方法可实在太聪明了！对此，神经学家可能会这样解释：埃兹拉启动了自己的“社交脑”（social brain），通过与他人建立联结，给自己带来安全感，而这正是消除焦虑的利器。埃兹拉自己则认为，留意别人能让他意识到“其他人都没有害怕”，这能帮他平静下来。换句话说，其他乘客就是他那“镇定的第二只小鸡”。和伊森不同的是，埃兹拉并不享受这个过程，他觉得这很不舒服。但最终，他还是选择了仔细感受恐惧，直到它不再来犯。

放松地让自己暴露在负面感受中，同时告诉自己“我是安全的！”——这就是在临界点克服恐惧的核心。

很多孩子在听到“克服恐惧”的建议时，会变得十分恼怒，那是因为父母站着说话不腰疼，他们根本没意识到这是一件多么艰难的事。紧张时，人的本能就是逃跑（极力逃避）或者紧绷起来（咬紧牙关）。而为了避免陷入情绪的深渊，我们更趋向于逃跑或绷紧。

然而从另一方面来说，直面恐惧又的确非常必要。因此我们需要讨论的是，怎样才能帮助孩子通过“直面感受”而最终克服恐惧？

我们要做的第一件事就是：不再鼓励孩子“逃避”，也不把他们推向“情绪失控”或“咬紧牙关”的状态。虽然我们并非刻意为之，但这些做法的确充斥在我们和孩子相处的每一天中。比如：“你要是害怕，就算了吧！”是在鼓励孩子“逃避”；强迫孩子做他们害怕的事情，是把孩子推向“情绪失控”；“别哭哭啼啼的！赶紧去做！”是让孩子只得选择“咬紧牙关”；“就知道哭，看看你哭的那个鬼样子！”是对情绪失控的孩子最残忍的羞辱。

荡秋千：从“剧烈”到“缓和”

创伤后应激障碍的患者总是在“情绪失控”与“极力逃避”之间极度

摇摆，就像剧烈荡秋千一样。创伤中的记忆，会在失控的感受和念头中如潮水般涌向他们，因此他们会竭尽全力地逃避这种情形。极端者甚至会彻底压抑自己的记忆。但是，逃避不是长久之计，那些恐怖的感受、记忆、念头终归会卷土重来，在梦魇、突如其来的回忆或者一波又一波的情绪失控中爆发。这些情绪风暴是如此猛烈，以至于他们不得不以更加极端的方式去逃避，而因此付出的代价就是：更加麻木、丧失生活兴趣、滥用药物、与人疏离……总之，就这样陷入“崩溃”与“逃避”之间、一轮更胜一轮的恶性循环中。

程度不那么严重的紧张人群，同样会在“极力逃避”和“情绪失控”之间剧烈地荡秋千。我朋友的女儿奥德丽就掉入了这样的陷阱。她很渴望上运动课，但每周她都因为过于紧张而拒绝下车。如果妈妈强行把她拉入课堂，她就会不停地尖叫、哭闹（“情绪失控”）。如果妈妈立刻带她回家，她的紧张感会立刻消失（“极力逃避”）。可是只要一到家，她就又会因为错过运动课而大哭一场（更激烈的“情绪失控”），然后要求妈妈另外安排时间再带她去。接下来的一周，她完全忘记了自己之前的情绪，因而也没有任何应对情绪的计划（更深的“逃避”）。每周都如此反复。

解决这个问题的办法就是，在“前进”与“后退”之间“缓和地荡秋千”。先稍微感受一下恐惧，然后退回来放松休息一会儿，或者转移注意力；短暂的休息后，你就有能力去面对更多一点儿的恐惧；感受更多一点儿的恐惧之后，再回来休整一下。我会告诉孩子们“极端逃避法”和“温和逃避法”之间的区别。前者比如上学时间到了却躲在床底下不肯出来，而后者则比如借助音乐分散紧张情绪。

直面感受时，人们不得不经历一些不愉快的感受，但这比情绪失控要温和得多。因此，妈妈可以试着这样说：“如果现在回家，你肯定就会觉得没事了，可是以后你还是会害怕。如果我们留在这里，你肯定会害怕，但是我相信你完全可以应付。我记得你以前也打败过让你害怕的事，要不要咱们一起想一想，以前你用的是什么办法？”如果孩子依然情绪失控，那么说明他确实还没有准备好，他需要更多的安抚和安全感，才能重新站在临界点上。

临界点旁的陪伴

孩子在临界点上，常常需要很长时间才能鼓起勇气、克服恐惧。这对父母来说极为难熬。当我们强推孩子直面恐惧、采取行动时，我们会觉得自己太过冷酷。这也是为什么很多父母最终因为心疼而任由孩子放弃的原因。对此我完全理解：毕竟，说一句“算了，不去就不去吧！”会容易得多，我们何必非让孩子这么痛苦呢？但是最后，逃避换来的只会是更深的恐惧和焦虑。

怎样才能“支持孩子，但并不支持逃避”呢？

“轻推”孩子时，有两个要素必不可少：一是轻推时保持联结，这样可以避免“情绪失控”；二是轻推时持续向前，这样可以避免逃避。握住孩子的手，与他肩并肩，对他说：“我们要一起去喽！放心，我会一直握着你的手，直到你自己准备好。”在走向恐惧的途中，我们可以时不时地停下来休整一下，但准备好之后一定要向前迈出下一步。记住，你不可能每次都恰到好处地避开“失控”或“逃避”，不要紧，只要能持续不断地向“直面感受”这个目标前进就好了。

有的父母出于愤怒和挫败感，会强行把孩子推过临界点。也许，他们小时候就曾被父母扔进幽深黑暗的游泳池，并被迫坚强。这样的态度，无论在什么时候，都是错的！被强推过临界点的孩子，要么是靠“咬紧牙关”而过关，要么就会情绪彻底失控。如果在这个过程中，他们用哭闹来宣泄（实际也是一种疗愈）刚才的恐惧感受，就有可能会激起父母更大的愤怒和更严厉的惩罚。

所以，请不要无情地把孩子投进恐惧的深渊，还一厢情愿地认为孩子有朝一日会感激你今天的所作所为。我知道，有的父母认为“直面感受”的方法对焦虑的孩子来说收效甚微。但我想说的是，强行把孩子推过临界点并不会让亲子关系更加紧密，相反会更疏远，而且这对增强孩子内心的力量感与自信没有任何好处。

临界点之所以是疗愈内心的地方，是因为它是“情绪失控”和“极力逃避”的交汇点。因此在临界点上，孩子可能会大哭、抽泣、发抖甚至愤怒地大发脾气，以此来诉说心事。这不仅是健康的内心疗愈，更是他们克服恐惧、取得重大进步之前的关键一环。所以，请对这些情绪敞开怀抱，并全心倾听！

表面上，“疗愈性的情绪释放”与“情绪失控”相当类似，那么我们该怎么区分呢？

以健康的方式释放情绪之后，孩子是愉悦的、放松的，和我们更加亲密，能很快离开父母的怀抱去开心玩耍，或者进入甜蜜的梦乡。而“情绪失控”的结果则是筋疲力尽、与我们联结断裂。

在孩子大哭或发抖的时候，你可能暂时分不清到底属于哪种情况。没关系，只要坚持提供爱抚、轻柔的拥抱以及知心的话语就没问题。可以尝试与孩子进行目光交流，但一定不要强迫孩子看着你。有了这些，孩子要么会继续健康的情绪释放，要么就会从失控的状态中恢复平静。

我曾经也是一个焦虑的父亲，在艾玛还很小的时候，我也完全不懂上面所说的这些。每次艾玛哭闹的时候，我都会又急又气地问：“怎么了？你怎么了呀？”现在想想，这种做法肯定会让她陷入更深的不安。我花了好长时间才明白一个道理：如果她能够用语言告诉我，那她就会直接说；如果她没说或者不说，那么我唯一应该做的，就是在她旁边陪伴并安慰她。

在临界点陪伴孩子时，怎样才能“既不纵容逃避，又不导致失控”呢？下面这些选项也许能给你带来启发：假设孩子害怕做某件事，并开始焦虑，这时你最可能说的话是哪一句？

1. “那咱们就不去了吧。”
2. “做完后，我就把这一整袋糖都给你！”
3. “快去，你不是小孩子了！”
4. “你上次不是很喜欢的吗？你看，别人都去了，都挺高兴的。放心啦，什么事都不会有的！”
5. “咬咬牙就过去了！”
6. “闭嘴！多一个字我都不想再听到！”
7. “我能感觉到你在发抖。是啊，这是挺可怕的。我会一直握住你的手，等你准备好了，咱们再一起过去。”

每位父母，包括我在内，嘴里都时常会冒出上面那些话。但我推荐的是最后一种说法。头两句话（让孩子放弃、企图用糖果转移感受）是在鼓励逃避；接下来两句（向孩子施压，让他忽略恐惧感受）很可能导致情绪失控和崩溃；而“咬紧牙、闭嘴”则是制造“咬紧牙关”的有效方法。

我们再来看看最后一句：“我能感觉到你在发抖。是啊，这是挺可怕的。我会一直握住你的手，等你准备好了，咱们再一起过去。”你觉得这样的方法太无力？太强硬？还是刚刚好？

如果你是习惯于强推孩子的父母，那么这个方法可能让你感觉太无力。如果你是习惯于“保护”孩子免受一切痛苦的父母，那么这个建议听上去可能太冷酷。不管怎样，请先试一试，看看孩子的反应如何？如果我们期待孩子能够不再躲避新事物，那么我们自己首先应该勇于尝新，这样才比较公平。

道别和分离，是练习直面感受的好机会，只要方法得当，我们就可以避免“情绪失控”、“咬紧牙关”和“极力逃避”。在学校或幼儿园门口，甚至包括家门口，父母每天都不得不面对道别和分离。有的父母趁孩子睡觉或看电视时偷偷溜走。溜走的初衷是不想让孩子难过，但说到底这是一种“极力逃避”的态度，而且一旦孩子发现父母离开了，就很容易陷入“情绪失控”。

有的父母误以为孩子在道别时表达悲伤是情绪失控的表现。与父母分离，孩子怎么可能不难过呢！还有的父母片刻不离孩子左右，这也剥夺了孩子成长和独立的机会。正确的做法是，给予一定的安抚后，对孩子说再见，同时信任老师或看护者接手孩子后会继续好好安慰他。如果不确定孩子是情绪失控还是正常的释放情绪，那么你可以专门问问老师。老师们经验丰富，见过无数分离的场面，他们会比较容易辨别孩子属于哪种情况。

有时为了在纵容逃避和引发崩溃之间找到平衡，我们必须依靠自己的直觉。我有一位朋友叫玛格达，她的儿子汉克在 10 岁时被选入合唱队，并去外州参加表演。玛格达知道这个消息后就一直担心儿子睡觉的问题。汉克在白天时独立性相当强，但晚上睡觉前必须有大量的安抚和联结。而且这次外出表演，孩子们将被安排睡单间，这让玛格达更加担心。她向合唱队指挥和活动负责人讲出了自己的担心。她听到了两种建议：一种是逃避（“如果他没有准备好，就别去了！”），另一种则容易导致“情绪失控”或者“咬紧牙关”（“别想太多了，他肯定没问题！”）。

玛格达选择了中间路线，她做了大量的细致准备，并提供了足够的情感支持。比如在出发前，她陪汉克一起练习“想象自己放松和安然入睡的画面”。因为这是汉克第一次出远门，所以他需要把“妈妈就在身边安抚自己”的安全感画面牢牢地刻在心里。出门期间，他们每晚都会通电话。第一晚的通话中，玛格达在电话里引导汉克打开手电筒、关掉床头灯，然后逐渐延长手电筒的关闭时间，直到他入睡。她还引导儿子注意到，即便没有手电筒的光，门缝底下也会透进光来。结果，那一晚汉克睡得非常好。

经过这次外出，汉克对自己信心大增。等到第二年夏天他再次外出参加表演时，已经不再需要妈妈帮他解决睡眠问题了。玛格达总结自己的方法时说：“我知道有的父母肯定觉得我做得过头了，甚至会说我过度保护，但没有人比我更了解自己的孩子，而且我是在帮孩子掌握解决问题的方法。也有人会说，孩子根本没准备好，但我不这样认为，他只是睡觉时需要一点儿帮助。在别人质疑我的决定时，我更需要信任自己的直觉。”

“停走停”游戏

我女儿艾玛小的时候害怕剪指甲。强迫她是毫无意义的，因为她会不停地乱动，害得我不敢下手。后来，我从朋友那里学到一个叫“停走停”的游戏，于是就想在她身上试试。我拿着指甲刀，站在离她 3 米远的地方。我告诉艾玛，只要她喊一声“停”，我就会立刻停住不动。只有我们俩中有一个人说“走”，我才可以继续走（如果她一直不说“走”，那么我有权自己说）。就这样，我非常缓慢地走向她，只要她喊“停”，我就立刻停下。我足够缓慢地向她靠近，让她在临界点上有足够的时间面对恐惧，而恐惧感也始终在她的可控范围之内。这样，她既不能逃避又不至于崩溃。

有时候我走得太快或离她太近，就需要后退一步，以保证艾玛重新站到临界点安全的一侧。之后，我再一点点向前走。后来我又增加一条新规则：她不能一直没完没了地说“停”，每说两个“停”之间，都必须说一个“走”。

最后，艾玛的指甲终于剪完，完全没有以前的对抗或挫败感。“她说停我就停”的环节，让她信任我绝不会伤害她，或者做违背她意愿的事情；而我每次停下后又会向前走，则让她明白“爸爸不会放弃努力”。

“停走停”游戏的另一个版本，是和对方肩并肩一起前进，比如那次我陪着我姐姐一点点走近悬崖。你可以和孩子一起走向任何可怕的东西，路边的大狗或者新学校。当孩子喊“停”时，你们就立刻停下，短暂的休整后再出发。肩并肩版的“停走停”游戏最重要的特点在于，你一直在离孩子最近的地方，给他安抚、给他鼓励。

如果你足够耐心，并且和孩子的情绪调到同一频率，那么当孩子触到临界点时，你就会切身感受到它的存在——介于“逃避”和“崩溃”之间的、最微妙的那个平衡点。

在临界点上，孩子可能会用很快的语速说起以往任何让自己害怕的经历，也可能会发抖、出汗或者试图逃到一个更安全的地方。这时我们要向孩子提供足够的安抚，但同时也要按捺自己过度保护、逃避放弃的冲动。帕蒂·惠芙乐曾提醒说，玩这类游戏时，与恐惧对象之间的物理距离并不重要，重要的是我们能恰到好处地到达“直面感受”的状态，并在那里停留一会儿。她还进一步解释说，有时候仅仅是一句建议，例如“我们再往前走一点儿”，就足以把孩子带到具有最佳疗愈效果的临界点。

惠芙乐还提到过另一种形式的“逃避”，就是孩子紧张得把头埋进父母的怀里。这样的举动有时看起来很像在寻求联结，但实际上更大的可能却是：孩子在逃避恐惧的感受。她建议在这种时候，稍给孩子一点儿压力，要求与他进行目光交流，比如这样对他说："看看我的眼睛吧，看我有没有害怕。也让我看看你的眼睛，看看你到底有多害怕。"在"埋头逃避"和"情绪失控"之间，也存在一个临界点，在那里孩子可以同时感受到"安全"和"恐惧"。而这个貌似矛盾的点，就是孩子自我突破的最佳位置。

"停走停"游戏，与孩子们主动发起的一些游戏非常类似。比如婴儿喜欢的"蒙猫猫"，就是一个在"可怕的分离"与"开心的重逢"之间寻找临界点的过程。一两岁的孩子开始离开妈妈一段距离去独自探索，一旦到达安全感的边缘（临界点），便跑回爸爸妈妈身旁，为安全感蓄杯。而捉迷藏也是基于类似原理：孩子在临界点上寻求刺激和兴奋。

研究"动物玩耍"的专家欧文·奥尔迪斯发现，对于小羊（其他某些动物幼崽也一样）来说，妈妈周围一带是"安全区"，而"安全区"以外，又没有到真正的"危险区"的那一小块地方，是一个被称作"惊悚游戏区"的区域。小羊会快步小跑着冲进这个区域，紧接着又惊慌失措地冲回妈妈身边，而实际上并没有任何危险发生。这个情景，是不是有些似曾相识？奥尔迪斯认为，这与人类主动寻求刺激的行为（比如坐过山车、看恐怖电影）十分类似，目的都是在延展自己的"安全区域"。

玩"停走停"游戏时，你可以在每一步询问孩子的"紧张值"或"害怕的级别"（详见第 3 章关于"恐惧测量计"的具体描述。）在从 1 到 10 的等级中，如果孩子的紧张值达到 7 或者更高，我们就暂停一下，借助孩子最喜欢的放松方法，帮他调整放松，直到紧张值下降到 3 或者 4，再继续下一步。接下来，如果紧张值始终保持在 7 以下，我们就可以循序渐进，而假如紧张值突然飙升，那就再停一会儿。再次提醒，重要的不是走到哪一步，而是我们在具有疗愈意义的临界点上倾注足够的时间。如果紧张值达到 9 或者 10，就立即启动“濒临崩溃”时的策略：身体安抚、亲密联结。

“牵绳游戏”适用于分离焦虑的孩子。首先，我们主动提议：“我知道你不喜欢我走开，那咱们来量一量，看看我走开多远你就会伤心。”（好奇心是焦虑的天敌，我们应该巧妙地利用这一点。）一开始，我们先紧紧搂着孩子，问：“这么远怎么样？开始伤心了没有？”这一定会引得孩子笑起来。然后分开一点，再分开一点，逐渐远离，直到孩子喊停。停下后用一根绳子（或卷尺）量出孩子这一轮可以承受的最大分离距离。也可以把绳子的一头交到孩子手里，让他慢慢往远处走，直到他觉得“不可以再远”。还可以是大人往后退，边退边报数，也就是报出不断加大的距离数。在这个过程中，适度拉紧绳子，以便让孩子通过绳子感受到另一端的你的存在。每次孩子找到刚好可以承受的临界点时，我们就停下来，量一量距离，然后用一个大大的拥抱与孩子亲密联结。如果孩子出于逃避而拒绝这个游戏，那么我们就拖着绳子，滑稽地追着他满屋跑，让他咯咯地笑出来。绳子在游戏中的作用是，帮孩子在挑战更远分离距离的同时，始终能感觉到与我们之间存在着某种显而易见的联系（两个人拉着的同一根绳子）。与孩子互相抛接球，同样是一个体验“既分离、又联结”的好游戏。

“秘密任务”，适用于年龄稍大但却仍然害怕离开父母的孩子。给孩子指派一项秘密任务，比如找东西，或者给另一个房间里的东西拍照。先从离我们比较近的地方开始，之后逐渐让执行任务的地点越来越远。与此同时，我们的任务是当一个可靠的“安全大本营”，每当孩子需要时，都可以及时到大本营来加油充电，为安全感蓄杯，以及领取新任务。有的孩子在完成一个任务后，会特别期待得到一个奖状之类的肯定，就像《绿野仙踪》里的那头狮子，直到获得奥兹颁发的奖章，他才意识到自己有多勇敢。

想象中的临界点

很多焦虑的孩子，想象力都极其丰富。这是一把双刃剑。它的坏处在于，过于逼真的恐怖想象，就会像遭遇真实危险一样，能立即让孩子拉响警报。而好的一面是，丰富的想象力可以使一个游戏非常有效——“想想它、感受它、解决它”（其实就是“系统脱敏法”，一种普遍应用的治疗焦虑的专业方法，我只是给它另取了一个名字）。这个游戏与“停走停”十分类似，只不过是发生在孩子的想象世界里。具体的做法是：孩子生动地想象出他们害怕的东西（想想它），并在可控范围内尽量感受恐惧（感受它），然后借助有关技巧放松下来。不断重复这个循环，就相当于在想象世界中不断演练，最终帮助孩子逐渐具备在真实世界中应对恐惧的能力（解决它）。

在此简单解释一下系统脱敏法。“过敏”就是指“安全系统”把安全的事物“错判”成危险，因而拉响报警；“脱敏”指的就是修正这种错判，使“解除警报”的功能重新工作。脱敏法的步骤必须具有“系统性”，即：每一步都不能过小，以防止“逃避”，同时也不能过大，以避免“失控”。要做到这一点非常具有挑战性，因为孩子往往不是濒临崩溃就是极力逃避。我们的任务就是帮助孩子在临界点上坚持住，勇敢地直面感受，直到改变发生。

开始这个游戏之前，需要准备好两样东西：一是“恐惧测量计”，二是对孩子有效的放松技巧（两者的详细介绍，请参考第 3 章）。仍然以 1–10 的测量计为例来说明，“想想它、感受它、解决它”的目的，就是让孩子的紧张感从 3 上升到 7，然后再降回到 3。每重复一轮，孩子的紧张感就会有所下降。不要过度纠结于升高或降低的具体数值，我只是提供一个大致的方向。另外需要特别提醒的是，在孩子真正处于恐慌的时刻，这个方法是不适用的，必须等事情过后，孩子放松和平静下来时才可以进行。

我们还需要一张“分级恐惧清单”，列出“稍微害怕”、“比较害怕”和“非常害怕”的事情。例如“看着小狗、摸摸小狗、让小狗趴在身上”分别代表三个害怕等级。一定要和孩子共同完成这张清单，父母不要凭借自己的主观臆断来独自完成。

准备好清单之后，问问孩子目前的“紧张值”是多少。如果很高，那么就先通过放松技巧让他平静下来（我最常用“倒数法”，从目前的数值倒着数到 1）。一定要有足够的耐心，因为对可怕事物的想象，很可能引起孩子强烈的紧张情绪，所以必须先用足够的时间来降低孩子的紧张值。

紧张值降低后，孩子就可以开始想象清单中恐惧等级最低的事情了。如果他们想象得非常生动，那么紧张值就会升高。这是好事！我们就是要通过温和可控的方式，让孩子的紧张值先升高再降低。这个过程可以帮助孩子不断地练习关闭警铃、解除警报的能力。

一旦紧张值升高，就借助对孩子最有效的技巧来放松，不管花多长时间，都要先帮孩子平静下来。紧张值降下来之后，就鼓励孩子再想象一次同样的事情，紧张值因此又会升高。如此反复，直到这件事不再引起孩子的紧张情绪，我们就可以去面对高一个级别的恐惧事物了。我们的目标不是把孩子的紧张值维持在最低级别，而是让它有升有降，反复去体验它，从而努力去把控它。

一次典型的“想想它、感受它、解决它”游戏，全过程持续时间从 5 到 30 分钟不等，让紧张值反复升降的次数也从 2 轮到 20 轮不等。你可能要多进行几次才能看到效果。最好多准备几种不同的放松方法，以防某种方法失效。假以时日，在想象世界中被重置的安全系统，将会在真实生活中焕然一新。等到想象不再能引起孩子的情绪变化，那么就可以通过“停走停”游戏去面对真实的恐惧了。真实生活中的可怕情景，会让孩子的紧张值重新升高，到那时候就继续采取同样的方法，让紧张值反复升降。

“我不想说这件事！”

当父母提起有关害怕或紧张的话题时，焦虑的孩子常常会大喊：“我不想说这件事！”这是因为在孩子看来，极力躲避是避免情绪崩溃的唯一办法。还有一个可能的原因，就是在提起这类话题时，我们自己也非常焦虑，因此孩子不想承受更多的紧张。我们急于跟孩子对话，是因为在成人的认识中，“把话说出来”是缓解紧张的最佳途径之一。神经学家、心理治疗师路易斯·科佐里诺曾说，心理创伤的患者只有讲出内心的故事，才能真正康复，但是焦虑感常常会干扰甚至阻止他的讲述。讲述内心的故事的确会拉响警报，但也唯有这样，才能最终将警报彻底关闭。科佐里诺解释说，内心的故事涉及大脑中多条不同的神经路径，而把故事讲出来，无论它是大是小，就会减轻它对我们的纠缠。

紧张时我们需要把话说出来，但紧张又会阻拦我们开口。解决这个矛盾的关键，又是“临界点”。也就是说，在“避而不谈”和“因过度谈论而情绪崩溃”之间，存在一个临界点。而游戏，可以帮助孩子找到这个临界点。下面的故事中，一名成人就是用游戏的方式让孩子获得了安全感，进而开口讲出内心的创伤。

6岁的安德烈是我朋友的儿子，他有一次从树上摔下来，导致头部严重受伤。后来他的身体虽然康复了，但性格却变得胆小退缩起来。他的父母想尽了办法也没能让他说出那段恐怖的经历。3周前，我去他家串门。其他孩子一遍一遍地从沙发上跳下来，而安德烈只是在一旁看着，尽管我们已经把周围安排得足够安全。我灵机一动，说："天哪！我不敢看，太危险了！万一有人摔掉了耳朵，或者像这样把舌头摔出来，那可怎么办？"我边说边伸出舌头做了一个鬼脸。大家都被逗得哈哈大笑。我又问："有人知道摔破头是怎么回事吗？"安德烈立即严肃起来，说道："我知道！"我马上回应："哦，真的吗？我也认识一个男孩摔破过头。"接着我就编了一个滑稽的故事，一半是我所知道的安德烈的遭遇，另一半则是搞笑成分。所有的孩子都大笑不止，尤其是安德烈的笑声最大。当我杜撰那个男孩对着医生大叫，不让医生伤害自己时，安德烈瞪大了眼睛。之后安德烈开口讲出了他在医院经历的可怕事情，以及他认为妈妈当时动作不够快，以至于没接住他，等等。自从可以敞开心扉谈论这件事之后，他就不再像以前那样忧心忡忡了。

丹尼尔·西格尔是一位精神病学专家，他率先将神经科学运用到亲子教育的方法中。他提出的"头脑遥控器"的概念，对于孩子拒绝谈论内心创伤的情况具有很大启发意义。他在书中写道："当孩子不愿回忆痛苦经历时，他的头脑中有一个内在的'遥控器'，会让他的故事不断地暂停、倒带、快进，就像控制录像片那样来让自己'看'哪段和'不看'哪段。"孩子跳过故事中那些最难承受的部分，是非常正常、也完全没问题的。因此，我们可以玩这样一个游戏：由大人来叙述事件，而孩子则想象手中有一个遥控器，可以指挥大人暂停、倒带或快进到快乐的结局。加入游戏的元素，就可以帮助孩子面对那些最为痛苦的经历。

"隐喻故事"，是另一个帮助孩子开口讲述恐惧感受的方法。隐喻故事十分有效，因为它既能容纳丰富的感受又具有足够的理智元素。它可以让孩子在避开痛苦细节的同时，得以深入表达内心的情绪。

9 岁的加斯曾用他自编的隐喻故事，向我描述了他的焦虑："好比我是一名船长。我的第一个大副总是大惊小怪，看见点什么就对我大声嚷'船要沉了！'我烦透了，所以我派给他另一个任务，让他爬到桅杆上的乌鸦窝那里去监视海盗的动向。如果他报告说发现了海盗，我就会再派两个人上去核实一下，因为他总是错拉警报。现在，我又有了一名新大副，他总告诉我一切都会好起来，还会提醒我欣赏天上的云彩和星星。"

"巨兽和监狱长"是一个关于愤怒的隐喻故事，我常常分享给那些从不生气的孩子，以及很少生气但却会突然大发脾气的孩子。压抑愤怒，是童年焦虑的一大诱因。每个人心里都会有愤怒的时候，因此如果一个孩子从来没有生过气，那么我认为他的愤怒一定是被压制了。要把愤怒的感受牢牢地锁在心中，孩子们必须耗费巨大的精神能量。而且，就像逃避感受的结果一样，被压制的情绪也不可能一直"被关着"，它终将以更具破坏性的方式爆发出来。

这个故事很简单：监狱长把一只愤怒的巨兽锁在地牢里，因为愤怒的巨兽会给大家带来危险。可问题是，巨兽被锁的时间越长，它就会越生气，也越想逃出地牢。每次当它企图逃跑时，监狱长就会给地牢加上更多的门锁和栏杆。这让巨兽越发生气。有一天，监狱长突然想到，也许巨兽只是因为被关押才生气的。于是他决定给巨兽一个机会，让他出去透透气。巨兽第一次获得自由时还不太习惯，因为它实在被关得太久、太生气了，所以它又惹出不少麻烦，只好再被关起来。这样反复尝试了一段时间之后，巨兽不再那么生气了，监狱长也越来越信任它了。最后，巨兽终于再也不用被关起来了，地牢也失去了用处。人们为监狱长开了一个盛大的退休晚会，感谢他为了大家的安全，辛勤工作了这么长时间。

听完故事后，有的孩子很快就明白了巨兽与情绪的关系，而有的孩子只是单纯地享受故事本身。不管是哪种情况，这个隐喻都能潜移默化地帮助孩子找到压抑情绪与情绪崩溃之间的临界点。

“放映员”是另一个隐喻，用来引导孩子说出自己的焦虑。“放映员”负责把头脑中的念头放映成画面。焦虑的放映员总是放映灰暗、糟糕的画面。我会建议孩子想象自己走进放映厅，质疑放映员的做法：“为什么你总是给我放映那种画面呢？”通常孩子都会用一种命令的口吻，要求放映员多放一些平和、愉快的画面。

有的孩子还会自编与放映员的对话，对话里面会清楚地透露出孩子的情绪。例如，有一个容易紧张的女孩先装成放映员的声音说：“我只是想保护你，想让你做好准备，不让那些坏事情发生在你身上。”然后她又换回自己的声音回答：“谢谢你，但这不是在帮我，而让我很难受。我不用整天都想着那些坏事情，一样也会很安全。”

“哟—砰—哇”是针对年龄小一些的孩子的游戏。孩子太小的时候，还无法用语言表达自己受伤或恐惧的感受，这时游戏会有所帮助。玩这个游戏时，我们的表情越丰富，效果就会越好。

我的外甥女丽娜 1 岁时，有一次在地板上想爬过一个枕头，但不小心翻倒了，头重重地磕在地上。她大哭起来，并牢牢抱住爸爸，整个人拼命钻进爸爸的怀里。她执意要离开这个房间，并且一副永远不打算松开爸爸的架势。这时我说：“天哪！你刚才正要爬过枕头，突然就‘哟—砰—哇’！”我一边说，一边把每个词都对应一个夸张的表情和动作。她开始斜眼偷看我，于是我又重新演了一遍，更夸张地假装自己的脑袋“砰”地撞到地上，然后双手紧紧捂住头。她说：“还要！”于是我把整个过程简化，只突出“哟—砰—哇”，又表演了好几次，逗得她乐不可支。接着，她挣脱爸爸的怀抱，爬到刚才跌倒的地方，表情严肃地用慢动作演示了一遍刚才的情形，然后她又看看我，显然是在示意“你再来一遍”。我当然又做了一遍，然后我们俩又都咯咯乐了起来。

从此，就有了“哟—砰—哇”游戏。这种方法，可以避免孩子因某次受伤或者紧张，而累积成长久的焦虑。

其实，即便是已经学会说话的孩子，也很可能找不到恰当的词语来表达深层的情绪。一位名叫姬姆的妈妈告诉我，她的女儿朱迪突然开始害怕自己的大号毛绒玩具——饼干怪。姬姆多次试图找朱迪谈话，但都被拒绝了。当姬姆发现谈话的方式行不通时，就抓起饼干怪，把它扔进车库里，并用一种滑稽的语气对它喊道：“你就待在那儿吧！别想再来吓唬我的宝贝！”朱迪大笑起来，并且主动对妈妈说，她觉得饼干怪太吓人了。尽管朱迪的恐惧并没有消失，但当第二天妈妈说“不知道饼干怪想不想喝水”时，朱迪好奇地睁大了眼睛，并决定跟妈妈一起去车库瞧瞧，但她仍然不肯进去，只是站在车库门口看着。接下来的几天，她们更频繁地去探望饼干怪，给他带点水、食物甚至要换洗的内衣。每一次去，朱迪都能站在离饼干怪更近一点儿的地方。最后，她终于可以直接走到饼干怪身边，然后抱起她去散步了。

姬姆没有强迫朱迪“说出来”。当孩子不想开口时，有谁能逼孩子说出心底的感受呢？然而，通过游戏，姬姆和女儿一直保持着“对话”。她用轻松的态度，耐心地陪伴朱迪在临界点上克服了恐惧。

“我想说说这件事”

与前一部分讨论的情况相反，有些孩子愿意主动谈起自己的焦虑，只不过会没完没了地重复。他们滔滔不绝，却总是避开重点，在一个无关紧要的问题上绕圈，而不去真正面对恐惧。这样的孩子需要父母轻推一把，让谈话有实质性的进展。你可以直截了当地告诉孩子，你对他的分享很感兴趣，但你想知道更多的细节，而不是重复听到那些他已经说过的话。你可以这样问他：

“说起这些时，你的身体有什么感觉？”
“从 1 到 10，你害怕的级别是几？”
“你想出下一步该怎么办了吗？”
“你能为这件事想象一个快乐的结局吗？”
“这件事情里，最可怕的是什么？”
“你觉得最坏的结果会是什么？”

父母通常不会去问这些问题，因为担心这样会加重孩子的恐惧。但事实上，找出这些问题的答案，才有助于孩子建立理智脑与情感脑之间的联系，从而缓解他们的焦虑。

让孩子当专家，可以有效地帮助我们走出恶性循环，提升谈话的品质。你可以说：“我朋友的儿子特别害怕游泳（或者怕交朋友、怕小狗、怕床底下的怪兽）。我知道你最近一直在研究这个问题，所以想问问你有什么好的建议？”大部分孩子都愿意让自己显得很有才学，尤其是在他们纠结的那些问题上。事实上，在处理个人的紧张情绪这个问题上，他们确实是最有资格的专家。

对于年龄小一些的孩子，你可以假装扮成害怕睡觉的毛绒玩具或者害怕上学的洋娃娃，向孩子寻求帮助。孩子给你的建议多半会超出你的想象。

少说、多玩

前面我们讨论了让孩子开口说出恐惧感受的重要意义以及一些方法。然而在现实生活中，有些父母说得太多、问得太多。对此，我深有感触，因为我自己曾经就是这样。

焦虑的孩子经常会“听不见”父母说的话，因为内心的高度紧张早已占据了他的全部精力。**这些孩子需要的往往不是谈话，而是更原始的安抚方式，包括拥抱、无声的抚慰以及游戏**。任何让孩子开心的游戏都值得一试，但以下几个游戏特别适用于那些不愿开口的焦虑的孩子。

“角色置换”的原理，是让孩子换位充当更有力量的角色，来处理自己的恐惧和忧虑。孩子有时会自己发起这类游戏，有时则需要我们的帮助。无论是哪种情况，置换角色后的游戏都能让孩子释放紧张感。例如，大部分孩子打完针后回到家都会要求玩打针的游戏，只不过他要扮演医生，来掌握象征着权力的注射器。再比如，地震之后，孩子会把玩偶们排在桌子上，然后拼命地摇晃桌子，直到所有玩偶都掉到地上。我有一位朋友负责学校的课后活动，911 恐怖袭击后，她让员工尽量找出所有的飞机和积木，来为孩子们的活动做准备。这可吓坏了不少父母，但她确信，孩子需要通过游戏来表达恐惧，从而恢复内心的平静。此时，角色置换游戏是个非常好的选择，因为只有在想象的世界里，孩子才不再是茫然无助、无力反击的受害者。

要想发挥角色置换游戏的最大效力，就应由我们扮演弱小无助的角色，而由孩子扮演强大、勇敢、无所不能甚至可怕吓人的角色。比如，让他们扮演狮子，而我们来扮演“忧天小鸡”；或者我们胆战心惊地躲在沙发后面，直到他们前来营救，我们才哆哆嗦嗦地逃出来。

要想使游戏更加完美，那么我们可以先大肆吹嘘说自己有多么威武、强壮和神勇。可是接下来，只要孩子轻轻推我们一下或者看我们一眼，我们就吓得浑身发抖，甚至躲进被子里（再次强调，不要让孩子产生被捉弄的感觉）。孩子经常会要求我们扮演怪兽，那么我们只要扮成表面虚张声势、实际胆小无能的怪兽就好了。每当孩子从我们的“魔爪”边逃脱时，我们要夸张地做出吃惊的表情。另一种玩法是，由孩子扮成怪兽或可怕的大狗来追我们，于是我们就滑稽、夸张地“被吓坏了”（我知道这对于威严的父母来说相当有难度）。让孩子吓晕你、抓住你、把你摔倒在地，可以极大程度上增强他们的自信。

“科学家、侦探、间谍”。好奇心，是鼓励探索、避免逃避的良药，而科学家、侦探、间谍都是好奇心的典型代表。焦虑，可以是侦探全力追捕的罪犯，也可以是科学家潜心研究的问题，还可以是一个狡猾的间谍，但是孩子更机智，因此间谍最终还是没逃出孩子的手掌心。

在真实生活中，孩子面对紧张情绪时往往会感到无助和无力，但是如果在假想游戏中充当强者的角色，他们便会积极地思考和探索，比如寻找线索、破解密码、在笔记本上记录自己发现的蛛丝马迹。而且，在这类游戏中，他们能够像旁观者那样，更清晰地察觉到紧张情绪的行踪，并找到更高明的应对技巧。

有些孩子非常喜欢在游戏中扮演超人，这时我们可以刻意为孩子设计一些超能力，让他勇猛地打败“焦虑”这个大魔头。

小男孩鲍里自从把自己想象成侦探之后，就发现了“焦虑”的诡计：“在我晚上就要睡着时，‘焦虑’这家伙就偷偷溜进来，不让我睡觉。它的阴谋是让我第二天太累，什么也玩不好。它总是骗我，比如‘你妈妈就要失踪了’或者‘你妈妈要出事了’。”鲍里想出一个对付它的主意：睡觉前几分钟，他先偷偷溜进房间，躲在床边，手里拿着一个捉蝴蝶的网，一旦发现“焦虑”进来就立刻罩住它。之后，他再跑去把战利品给爸爸妈妈看，而爸爸妈妈也很配合，假装把“焦虑”关进一个罐子里，好让鲍里第二天把它画出来。鲍里画的“焦虑”还真的挺可怕的，不过他还是决定把它贴在墙上，并且还在“焦虑”的身上画了一个大大的叉。

孩子如果能把焦虑看作一种外部的东西，而不是自身的组成部分，那么他会更有信心去应对。“我是一个焦虑的人”所引发的感觉是无力、无助和无能。而“焦虑想欺骗我”则更容易激发孩子的力量感，进而找到更有效的办法。借助科学家或侦探等角色，孩子再去了解和认识焦虑的时候，心态就会变得轻松和自信，而不再是从前的沉重和无力。

“用玩的方式解决问题”。当孩子遇到问题时，成人总是热衷于教导孩子“好好想想”，而我认为更有效的方式是引导孩子“好好玩”。

例如，内心冲突是焦虑的一大来源。这些冲突可能是“我想揍弟弟，但又不想给自己惹麻烦”，或者“我想忘记不开心的事，但又总忍不住想起它们”。成人解决内心冲突的方式是把它们“说出来”，而适合孩子的方式则是“玩出来”。比如在玩“好人抓坏人”的过程中，孩子就是在内心进行着正义与邪恶的较量。

由于孩子在焦虑时会本能地逃避，因此可能需要我们通过游戏，帮他把内心的冲突表达出来。比如，我们可以拿起两个玩偶，一个问：“喂，你怎么了？”另一个回答：“我不想说这件事！”接着他们就滑稽地争执起来：“求你了，告诉我吧！”“不！永远都不告诉你！”然后我们向孩子寻求帮助，请他出马解决争端，这样能很快让他介入进来。

另一个游戏的变型是，你来扮演“棘手的问题”，然后让孩子挠你痒痒、用枕头打你，或者冲你怒吼。你扮演的角色可以是一道很难的数学题、学校里遇到的麻烦，或者任何让孩子感到无助和不安的问题。

安全感的内化

我们希望孩子在身体方面健康并安全。我们也希望孩子在内心拥有强大的安全感，因为这是战胜焦虑的力量之源。

孩子内在的安全感在被爱的感受中诞生，在温暖安宁的怀抱中生长，并在恐惧面前经历考验。站在临界点，既不逃避，也没有崩溃，直面内心的真实感受，是内化并巩固安全感的重要一环。

下面是三个建议，是帮助孩子内化安全感、重置安全系统的核心：

- **孩子极力逃避时，我们轻推他。**
- **孩子情绪失控时，我们安抚他。**
- **孩子直面感受时，我们帮他放松。**

即使你无法确定孩子此刻最需要哪种帮助，那也没关系，只要在解决问题时始终坚持共情的原则，并保持游戏的心态，你就一定会找到答案。

本章要点

- 临界点，是一个重要的心理地点，在这里面对恐惧时，我们虽然感到害怕，但仍然可以有所行动。
- “轻推”孩子的两个要素：
  - 轻推时保持联结，这样可以避免“情绪失控”；
  - 轻推时持续向前，这样可以避免逃避。

  记住，你不可能每次都恰到好处地避开“失控”或“逃避”，不要紧，只要能持续不断地向“直面感受”这个目标前进就好了。

第5章

情绪的释放与克制

妈妈，我以前从没有过现在这种感觉：

我又激动、又高兴、又生气，因为你以前从没带我来过这里，

真不敢相信世界上竟会有这么漂亮的地方。

—

一名9岁女孩到达威尼斯时的感慨

“斯波克医生”与“斯波克先生”

本杰明·斯波克是一位儿科医生。早在1945年，他就在《斯波克育儿经》中提出了一个划时代的养育理念。这个理念不是关于喂养、睡觉或换尿裤，而是关于情绪。斯波克医生坚定地认为，孩子的情绪必须得到释放，而父母必须倾听孩子的情绪。

斯波克医生指导父母，应透过孩子的表面行为，去观察驱动行为的内在因素，即情绪。他以“孩子嫉妒新生儿”为指导案例：如果大孩子拿着小刀凶巴巴地走近小婴儿，那么妈妈必须立刻上前抓住大孩子，但是接下来，妈妈应该顺势抱起大孩子说：“宝贝，我知道你的心情，你希望妈妈不去照顾小宝宝。不用担心，妈妈会像以前一样爱你的。”如果大孩子能够切身感觉到，在这种时候，妈妈仍然能站在自己这一边、为自己着想，那么他就确实不用担心了。

而斯波克先生，则是电视剧《星际迷航》里的一个角色。他有一双尖尖的耳朵，是瓦肯星人和地球人的混血儿。他最大的特点是可以高度克制情绪。他试图依靠纯粹的逻辑和理性来生活，但是由于身体里一半的血液来自地球人，因此偶尔会被情绪所困。有一次，性格外向的麦考伊博士想让斯波克先生相信，释放情绪对健康是有益的。斯波克回答说："对自己的健康有益，也许吧。但是我也注意到，这种所谓有益的释放，常常会对身边的人有害。"

哪个斯波克的观点才是正确的？两者都有道理。在情绪的释放与克制之间找到平衡点，对于预防和减轻焦虑是非常重要的。孩子需要了解各种情绪的本质，这样他才能识别情绪、有效地表达情绪，并判断是否需要克制情绪。孩子也需要学会如何调控情绪，避免情绪升级到失控的地步。事实上，大部分的成人也未曾学习过关于情绪的基本知识。我们以前学到的是"乖一点儿""不许哭""不要让别人知道你这么胆小"，可是这些其实没什么用处。

我在丹佛的一家儿童书店里，曾经历过一次两位"斯波克"的较量。那天我刚好做完一场游戏力的讲座，一位女店员拿着一本儿童绘本说："我和一位同事对这本书所传递的理念有一些不同的看法，你能否给我们提供一些意见？"这本书是南希·卡尔森的《笑口常开》系列绘本之一，主角是一只成天咧着嘴笑的青蛙。书里的文字内容建议孩子要笑着面对生活中各种不如意，不管是难吃的早餐还是被人欺负的遭遇。书中认为，青蛙的那张笑脸代表着一种积极的态度，应该用来取代哼哼唧唧、怨天尤人、破罐破摔以及大哭大闹等负面情绪。

两个店员各自所持的观点都非常清楚。从一个角度看，这本书通篇都是初衷良好的建议，例如：凡事都要乐观，都要看积极、光明的一面；微笑常常会让人们如愿以偿，而哭泣或者发脾气则会让人越陷越深。必须承认，我们身边确实有人能够采纳并运用这些建议，他们甚至可以将悲伤和哀怨表现为某种形式的艺术。

然而从另一个角度来看，这本书所倡导的似乎是：压制真实感受，强颜欢笑。这样的做法对身心健康是有害的，它不能真正化解痛苦，而是让痛苦在心里堆积起来。我们周围总有一些人，笑起来总是干巴巴的，似乎早就断了七情六欲。可是一旦忍不住了，他就会变得怒气冲天，或者极度沮丧和绝望。

当大家让我对两位店员的观点明确表态时，我说我觉得两个人都各有道理：一方面，我想到身边的一些朋友，他们能主动告诉自己抛开烦恼、振作起来，而且确实就能开心起来。但同时另一方面，我又想起另一些人，他们笑得太久了，可是内心却是另一番滋味。这些人更需要的是真实，也就是表达他们的真情实感。如果一个人想用笑脸来掩饰痛苦，那么总有一天他会掩饰不下去。他还会自欺欺人地想："我根本没什么痛苦呀，也没在掩饰什么呀！"

最后，我向两位店员总结我的观点：在生活中尽量微笑是个非常好的建议，前提是有机会能够释放愤怒、恐惧或者悲伤等真实感受。

许多人对自己的感受毫无意识，自然也对如何有效地表达感受毫无意识。孩子在紧张的时候，可能会抱怨说胃痛或者头痛，却没有意识到是焦虑在作怪。很多成年男性难受得以为自己得了心脏病，到了医院急诊室才知道其实是恐慌症发作了。男性发生这种情况的比例远远大于女性，为什么呢？因为绝大多数男性在环境的塑造下，早已对情绪非常漠然。我们即便心跳过速、汗流不止，甚至已经躺在急诊室里了，也很难意识到自己是在焦虑。

认真了解情绪，是减缓焦虑的关键。这一点对于孩子和大人是一样的。

从自己开始吧。你现在的感受是什么？你是怎么注意到的？这个感受是否带有某种生理上的感觉？它让你产生了什么想法？你的表情有什么变化？由于这种感受，你有没有想做什么事情的冲动？你真的会去做，还只是想想而已？在你有意关注这种感受之后，它是否发生了变化？如果你此时的感受不是很清晰，那么最近有没有经历过强烈的情绪？如果有，那就仔细描述一下。这些问题的答案，可以帮你更清楚地了解情绪有多么复杂。

以研究表情与内心想法而知名的心理学家保罗·艾克曼认为，人有六种基本情绪：愤怒、厌恶、害怕、快乐、悲伤、惊讶。其他情绪专家对此也有不同的分类。有些学者不赞同“基本情绪”的提法，认为情绪都属于同一范畴，包括从快乐到悲伤，或者从生气到害怕。辩证行为疗法的创始人、心理学家玛莎·林翰将情绪分为初始情绪和二级情绪。初始情绪是先天的本能，例如，被人伤害时我们会生气，亲人去世时我们会悲伤。这里的生气和悲伤，就是初始情绪。而二级情绪是“针对感受”的感受，如：因为生气而感到内疚，或者因为害怕而感到羞愧。这里的内疚和羞愧，就是二级情绪。

既然学者们对于情绪的划分各持己见，那我更愿意听从另一群专家的引导——孩子的引导。有些孩子喜欢把情绪简单地分为“生气”、“伤心”、“高兴”和“害怕”。有些孩子喜欢区分情绪的各种微妙所在，如“生气”、“气愤”和“愤怒”，或者“厌烦”、“厌恶”和“憎恶”。有些孩子喜欢发明自己的情绪用语，例如我认识的一个男孩，他明确定义了“气得像落汤鸡”与“气得像草垛上的落汤鸡”有什么区别。这个孩子是在农场里长大的。

我曾经请一群孩子帮我定义什么是“生气”。以下是我得到的一些答案：

- “生气是当别人打了你。”
- “当你觉得想要打人的时候。”
- “就像这样。”（这个孩子边说边握紧拳头、绷紧脸）
- “生气是冲别人大喊大叫。”

- “生气是不好的表现。”
- “我妹妹总是让我气得发疯。”
- “不公平的时候，我就会生气。”
- “气得快发疯的时候，我就从 1 数到 10。”

多么精辟呀！这些都是“生气”。

任何情绪都会造成一些相应的生理感受与面部表情（紧握的拳头或绷紧的脸），都因为遇到了某种情况（有人打你）或者产生了某种想法（这不公平），都会引起某种行为冲动（想要打人或者想要尖叫，但是未必真的会这样做）。每种情绪都会给人留下一些整体的印象（如“气疯了”），会滋生一些新的念头和感觉。比如在生气的时候，有人觉得“生气是不好的表现”，由此引发了内疚感；有人想的是“我妹妹总是把我气疯”，这种想法反而会加剧愤怒。我们当然可以对情绪采取忍耐的态度，不过也可以尝试去改变它（从 1 数到 10）。

再来看看“悲伤”。悲伤给人带来的生理感受是内心既空荡又沉重，甚至心脏一带会感到疼痛。引起悲伤的原因常常是失去了什么，而人在悲伤时的行为冲动常常是想要寻求安慰并大哭一场，有时也会想独自躲起来。悲伤给人造成的整体印象是深深的痛苦或绵绵的哀思。在悲伤中滋生的新的想法或者感受则是：我受不了了（走向绝望）；都是我的错（引发内疚感）；我太想念他了（徒增更多悲伤）。

现在你来试试。选取某种其他的情绪，比如“害怕”或者“高兴”，想想它会给你带来怎样的生理感受，它产生的原因是什么，会让你有哪些行为冲动，会给你留下什么样的整体印象，又会滋生哪些新的念头和感觉。你可以自己做这项深入分析情绪的练习，也可以和孩子一起尝试。

当孩子情绪激烈的时候，我们常常要求他用语言说出他的感受。我会避免这种做法，因为情绪的名称只是情绪中一个很小的部分，而我更希望孩子能够理解情绪的各个层面。我们当然希望孩子最终能够用语言表达情绪，但假如我们急于让孩子准确使用语言，那么结果多半会让亲子之间的交流中断，而不是继续。因此在孩子激动的时候，我会问他以下这些问题（当然不要一次就扔给他这么多问题，而且，务必要等到他确实能够自愿交谈后，再提出问题）：

- 你的身体现在有什么感觉？
- 是什么引起这种感觉的？
- 有这种感觉时，你在想什么？
- 接下来你想做什么？
- 要是你真的这么做了，你觉得会怎样？

所有这些问题的目的，都是帮助孩子把理性的思考嵌入感觉的体验之中，也就是让两个“斯波克”合二为一。在情绪的各个层面探索一番之后，你最后就可以问他：“这种感觉叫作什么？”

即便孩子已经彻底冷静下来了，你依然可以针对刚才的情绪提出这些问题，以此来加强孩子对情绪的自我觉察。

情绪的燃烧

“情绪的燃烧”是一种孩子容易接受的描述方式，可以整合之前提到的情绪的各个层面，帮助孩子更好地了解情绪。

我们把引起情绪的原因比喻为一颗火种，这颗火种可能是一个念头或是一件事情。而情绪本身，就是火种点燃的一团火焰。假如这一天你恰好过得很不顺心，那就像旁边多了一桶汽油一样，这桶汽油会使火种引燃起比往常更凶猛的火焰。

火焰的比喻非常适合焦虑的孩子，因为他们在情绪激动时，常常会觉得自己就像是热锅上的蚂蚁。接下来，他们要学习的就是用水来浇灭火焰，而灭火的“水”就是那些可以帮助他们冷静下来的方法：从1数到10，深呼吸，转移注意力，向朋友倾诉，等等。

情绪的火焰往往由这样一些元素组成：首先是生理上的本能反应，比如脸颊发烫，手脚冰凉，哭泣，尖叫，肌肉僵硬，胃部抽紧；其次是内心的某种整体感受，如恐惧、愤怒、快乐或悲伤（有很多比喻都是在形容这种整体感受，例如“心往下沉”）；还有就是面部表情、说话语气以及肢体语言。可是，陷入情绪之中的人未必会察觉到自己这些身体上的反应。

组成情绪火焰的另一个重要元素，就是行为冲动，例如：愤怒会让人想吼叫或打人，恐惧会让人想逃跑，悲伤会让人想要蜷缩在被子里或者向他人寻求安慰。

理解火种的组成，则更为重要。

想象一下这个情景：有个人踩了你一脚，你的心里顿时一阵恼怒，这就是火种和最开始的火焰。接下来，火焰会烧到多大，那就要看火种的组成了。组成火种的元素，不仅是“有人踩了你”这件事，还包括你心里的想法。假如你认为“他是故意的”，那么火焰一定要比你认为“他是不小心的”时大很多。

再想象这个情景：窗外突然一声巨响，把你吓了一大跳。声音是火种的一部分。同样，火焰的大小取决于火种的另一部分——你的想法：“有小偷”与“是风吹的”，两种想法所引燃的火焰会大不相同。

我们再看看那桶汽油。

假如，踩了你的人是个醉汉，而你自己曾有一段酗酒史，这段记忆在你心里非常沉重。再假如，你前不久刚刚出过一起车祸，而在事故当时你恰恰听到的是这样一声巨响。显然，这些情绪性的记忆就是那桶汽油，会让火焰燃烧得更加凶猛。

因此，表面上看，情绪的火焰似乎是被外部事件所引燃的，然而事实上，让火焰熊熊燃烧的，往往是我们内心的想法。也就是说，同样一件事，因为不同的心理作用，可能会带来截然不同的感受。例如，你告诉孩子现在不能吃糖。假如他心里想“我太想吃糖，吃不到我就会死的”，那么他此时的情绪会是悲伤；假如他想“凭什么不让我吃？太不公平了”，那么他此时的情绪会是愤怒；而假如他想“那也没什么，反正明天我也能吃到”，那么他就不会有太强烈的情绪。如果一个孩子害怕雷雨，那么他可能会以为自己的恐惧是来自积雨云，但其实他的恐惧是来自对死亡与危险的担心。

内心中对自己的看法以及对世界的信念，常常是那桶助燃的汽油。有些信念会让焦虑的情绪愈演愈烈，例如“倒霉的总是我”“糟糕的事很快就会发生的”“在这个世界上谁都不能相信”等。如果你能挖出这些深藏内心的念头，那就能明白为什么有时候稍不顺心，就会引起强烈的情绪。与此同时，有些信念会发挥阻燃的积极作用，比如“绝大多数时候世界是安全的”或者“总会有人向我伸出援手”，都会起到减轻焦虑的作用。

在疲惫、饥饿或者寂寞无聊的时候，孩子更容易情绪激动。每个父母都深有体会，孩子在这些状态时，就像身边摆满了汽油桶一样，一丁点儿火星就会引发一场大火。可惜的是，我们不能只是告诉孩子“你发脾气是因为你饿了”，因为这样说不管用，甚至还会火上浇油。现实的解决办法是尽量预见、提前预防，尽最大可能地避免燃烧物的积累。

如果我们只有火种、火焰和汽油，那么任何情绪都会发展到不可收拾的地步。好消息是，我们有水，可以帮助扑灭火焰。只不过有时候，火焰似乎越来越大，但这是暂时且必经的过程。

在“情绪的燃烧”这个比喻中，“水”代表着让情绪冷却下来的理性思考。

之前提到过的那些方法，例如给情绪的强度分出 10 个等级、把情绪画出来或者编一个关于情绪的故事，都有助于冷却情绪。强烈的情绪会让大脑中的某些区域异常活跃，而语言性活动、数字性活动以及创作性活动，则会激活大脑中的其他区域，从而为两位“斯波克”找到有益的平衡。在很多焦虑儿童的案例中，激活越多的大脑区域，就会越有效地减弱情绪的火焰。

另一种激活更多大脑区域的方法，是详细描述情绪给人带来的生理感受：“我感到手和胳膊都在发麻，胸口发紧，心跳得很快。”

即便是更为笼统和宽泛的意识，也能有所帮助：“我的焦虑症发作了，但是周围并没有危险，过一会儿就会好的。”

运动能够使大脑全面活跃起来。这就是为什么健身、舞蹈和瑜伽可以很好地减轻痛苦的原因。

理智脑的介入，就像一盆冷水泼在了行为冲动的火焰上：

- 我气疯了，真想揍你一顿，但是我不想给自己找麻烦，算了。
- 一看见他的新发型我就想笑，但是这样他肯定会生气，还会难过。我不想破坏我俩的友谊，所以我必须忍住。
- 我真想要那辆自行车，但是偷东西可不行。

父母和老师常对孩子说："生气是正常的，但是打人就不对了。"说得没错，但是我觉得这句话没有切中要害。它漏掉的关键环节是：打人的冲动。为了帮孩子克服这种冲动，我们应该让他了解到："生气是正常的，而且这么生气时，就会想打人。但是打人是不对的，所以必须控制住自己不打人。有时候这真的很难，但是你一定能做到。"

当然，我们并不需要克制所有的行为冲动。有的冲动是不合理的，而有的却是合理的。有益于生存的行为冲动，或许是人类拥有强烈情绪的根本目的，例如有些情绪会激发我们逃离危险，有些会让我们对抗威胁，有些会驱使我们寻找温暖的怀抱，还有些会让我们向所爱之人表达真情。

"我真的必须这么做吗"，是我在一节瑜伽课上学到的练习。这个练习验证了一个观点：我们可以主宰自己的行为，而不必听命于每一次冲动。你可以自己先体会一下这个方法，然后带孩子一起尝试练习。首先做几次深呼吸，接下来在呼气时，尽量排出肺里的所有气体，然后屏住呼吸，不要吸气。此时请关注自己很想吸气的冲动，关注这个冲动越来越强烈的感觉，但请尽量控制住，直到你的身体告诉你真的必须吸气了。通常，从慌乱地产生冲动，到真实的需求之间，会有一两秒钟（甚至更长）的时间差。

成熟的标志，是知道自己的某些冲动是不理智的。然而在这方面，有些成年人并不成熟，他们经常跟着冲动去行事。

我们可以帮助孩子们学会应对不合理的冲动。例如，他们可以在脑子里想象一个行动而不真正去做（就好像每个人都会有报复别人的幻想，但并不会真正付诸行动）。对于如何化解强烈的冲动，玛莎·林翰提出了不少建议，其中一条是采取与冲动“相反的行动”。例如，假如你因为什么事而觉得丢脸，想要找个地方躲起来，那么建议你找个信得过的朋友，让他听你倾诉，同情你的遭遇；假如你的心跳很快、呼吸急促，那么就做几次深呼吸；假如你的拳头攥得紧紧的，那就试着慢慢松开手。焦虑的时候，逃避会是一种非常普遍的行为冲动，但是逃避往往是很糟糕的做法，因此你应该尝试相反的行动——慢慢去靠近你的恐惧。

需要强调的是，采取相反的行动，绝不是要强迫你压抑自己的情绪，而是通过一种缓和的方式来影响你的情绪状态。除此之外，你还可以尝试另一种方式：采取与冲动“无关的行动”，比如散步、看书。“相反的行动”和“无关的行动”，都能够有效地扑灭冲动的火焰。

在陷入一种强烈的负面情绪时，我们很容易会想“这种感觉会无休无止的”或者“这种感觉让我活不下去了”。这类想法的实际效果，是给原有的情绪增添新的焦虑，就像一个新的火种很容易点燃又一场大火一样。对此，林翰提出了一条建议，不过这条建议乍看起来有点奇怪：把注意力放在原有的情绪上，并仔细去体会它。经过练习，你会更能够接受自己的情绪，而“接纳情绪”能够扑灭一切火焰，哪怕是最猛烈的火焰。你只需要观察自己原有的情绪，不必试图去改变它，渐渐地你就会发现，自己更能承受情绪了。接下来你还可能发现，自己的情绪在减退或者在发生变化。当我们与情绪直接对抗的时候，它会愈演愈烈，持续的时间也会更长；而当我们接纳了情绪之后，它会消退得更快。

需要补充的是，“接纳情绪，情绪就会发生变化”确实是个重要的发现，但是这个发现必须由孩子自己在内心完成。假如我们带着责怪的语气对孩子说“让情绪过去不就行了，没必要这么伤心呀”，那么这种开导不会为孩子带来任何好处。我们可以这样问：“咱们就这样同坏心情待在一起，你感觉一下，现在的心情有什么变化吗？是更糟糕了，还是好一些了？身体里的感觉有没有变化？”

为了让孩子冷静下来，很多父母会说“你不应该有这种感觉”。这种说法起不到任何作用，因为情绪没有“应该”与“不应该”之分。我们经常意识不到自己在对孩子的情绪说“不应该”。例如，孩子被另一个小朋友撞了，气得大哭或者出手打人，我们会马上说“小朋友不是故意的呀”。我们的言下之意就是“你不应该这么难过或者生气”。但是事实上，孩子此时就是很难过、很生气。情绪脑在极度活跃时，才不管别人是不是故意的呢。

“他撞了你，这可真把你气坏了。”共情，其实是缓解情绪的更好途径，很多父母在发现这一点时感到相当惊讶。父母们担心，共情会煽动情绪，让情绪的火焰愈燃愈烈。事实上，理解并肯定孩子的感受，是安抚情绪的最佳途径。

焦虑的孩子经常会像斯波克先生那样，尽力阻止情绪的发生或否认情绪的存在，至少会对愤怒、恐惧这样的负面情绪采取这种态度。但这是行不通的。有一次，我的外甥女在看一部悬疑电影时越来越紧张，于是我问她是不是害怕了。她回答说：“没有，这只是电影嘛。”她的言外之意是：我不应该感到害怕，所以我没有害怕。然而，情绪脑可不管这是电影还是真事，事实上她就是害怕了。给情绪加上“不应该”的评判，会让孩子以为产生这种感觉是一种错误，从而引发羞愧感和内疚感。孩子不想产生这些情绪，产生了情绪后还会感到羞愧和内疚，然而与此同时，情绪却依然挥之不去，因为“不应该”是无法让它们消失的。

关于情绪，我们谈了火种、火焰、汽油和水，但这些还不是情绪的全部。在强烈的情绪产生之后，我们的思考方式会随之改变。有个孩子对“情绪的燃烧”理解得相当到位，她把它的功能比喻为“烧焦与烧饭”。她说，情绪有时候会把人烧焦（让你失去理智或者陷入麻烦），但有时候也能烧出一锅好饭（引导你采取积极行动去解决问题或者躲避危险）。

就像火柴的火焰可以点燃蜡烛的火焰一样，一种情绪也有可能点燃另一种情绪。伤心可能会导致羞愧感，例如：如果一个男孩被大量灌输了“男孩不能哭”的观念，那么他在伤心落泪的同时，就很可能感到羞愧。有人会对自己的怒火感到害怕。还有人因为成功化解了自己的不良情绪而感到快乐和自豪。也有人会把自己的坏情绪传递给别人，比如一个孩子因为自己不开心而打了妹妹，那么这时就轮到妹妹不开心了。

情绪对我们的另一个影响是，我们会“关注到”并“回忆起”与当前这种情绪相关的一连串事物。不知道你是否有过这样的体验：排队时突然有个人插在你前面，或者开车时有人抢道，这时你会一下子生起气来。与此同时，你想起了以前种种类似的经历。这些回忆变成了新的火种，让你的怒火持续燃烧。不仅如此，你还注意到周围有比平时更多的烦恼与是非。这种现象叫作“选择性回忆”和“选择性关注”，它们会让人长时间深陷在痛苦的感受中。

“想点高兴事，不就行了！”——如果我们理解了选择性回忆和选择性关注，那也就能理解这类提醒无法帮助孩子缓解焦虑的原因了：恐惧的感受，让孩子选择性地关注与回忆那些可怕的事物。此时此刻，他的心中没有空间来容纳快乐的回忆。因此，我们必须首先帮助孩子完成对当前情绪的处理，之后才有可能让他把注意力转移到新的事物和新的感受上。在孩子难过的时候，期望他一下子高兴起来是不现实的，这个跳跃太大了。我建议采取一些过渡性的方式，例如当孩子的情绪开始回落时，你可以提议数数字、找颜色之类的游戏：“你可以在房间里找到三样蓝色的东西吗？”或者“你能从 50 开始，倒着数 5 的倍数吗？”这类技巧的核心理念在于：由孩子自己决定什么时候摆脱痛苦的感受，而不是由父母催促孩子赶快结束痛苦的感受。

强烈建议父母通过“情绪的燃烧”或者类似的比喻方式，向孩子解释情绪到底是什么，从而帮助孩子在面对情绪时避免过于紧张和痛苦。孩子如果能够了解情绪的整个过程，那么就能更好地掌控火种、火焰和汽油，也能够更有效地用水扑灭大火。情绪燃烧的比喻，还可以帮助我们在谈论情绪时更加客观和接纳，而不是评价和批评：“你刚才还没怎么睡醒，正好妹妹过来拿了你的玩具，所以你就更生气了，你当时肯定在想‘她太过分了！’也许你还想起了以前她拿你玩具的事情。”这样的谈话不会让孩子觉得你在指手画脚或者批评他。你还可以描述相应的行为冲动和真正发生的行动，以及行动的后果：“这么生气时谁都想做点什么，所以你想打她，后来你真的过去打她了，结果闯了祸。”由于情绪的发展速度非常快，因此这类谈话有一个重要的作用，就是放慢情绪对孩子的影响速度。

欢迎所有的情绪

鲁米是一位著名的波斯诗人，生于 1207 年，信奉苦修。然而他最著名的一首诗——《旅舍》却颇具现代意识。诗中说，要接纳所有情绪，哪怕是那些所谓的坏脾气或者痛苦。为什么要接纳坏情绪？因为焦虑的根源，往往就是对情绪的拒绝。即便是人们最不愿意遇到的情绪，鲁米的诗句也鼓励我们用笑声和感激去迎接它们：“生而为人就像开旅舍。每个早晨都有新的客人到来，愉快，沮丧，恶意……欢迎并热情款待所有客人，即便来者是成群结队的忧伤……”

我们常常用“好心情”与“坏心情”来形容感受，但这可能会误导孩子，让他们以为有些情绪是“对”的，而有些是“错”的。**的确，有些情绪让人感到高兴，有些让人不高兴，但是情绪没有对错之分**。当然，某些情绪确实更难被我们欢迎。心理学家哈瑞特·雷纳给她的著作起了一个贴切的名字：《恐惧和其他不速之客》。她在书中写道："感觉就像是打包出售的整件商品，你不可能从中挑走你想要的部分，并拒绝或回避那些令你痛苦的部分，除非你丧失了某些天性。一个从不知恐惧为何物的人，很可能也不太明白什么是同情、好奇和欢乐。恐惧的确不会给人带来乐趣，但是感受到恐惧，意味着你是一个活生生的人。"这听起来像是斯波克医生在给斯波克先生上课呢。

近年来关于依恋和情绪的研究显示，用"镜像反射"的方式让孩子"看到"自己所有的情绪（就像让他们在镜子中看到自己的外表那样），对于孩子学习了解自己和自己的感觉是至关重要的。"镜像反射法"的目的就是让孩子懂得，情绪是可以与人分享和被人理解的，并非一定具有危险性和破坏性。达到这一目的的最佳方式是充当一面镜子，"反射"孩子的所有情绪，从婴儿时期就开始。你可以把各种表情对号入座，甚至可以表演得夸张一些："哇，你真的气疯了！""哎哟，好可怕！"当然，不要因为过分夸张而真的吓到孩子，因为你的目的只是让他知道你理解他的感受。"反射"孩子的微笑或大笑很容易，但是记住，一定要反射所有的情绪，而不仅仅是你喜欢的那些情绪！这一点做起来不容易，因为在你自己小的时候，没有人让你"看到"自己的全部情绪。

焦虑和不受欢迎的情绪

焦虑同其他情绪一样，也遵循"燃烧"的规律。对威胁的想象和担忧，是焦虑的火种；身体和头脑中马上出现的反应，是开始燃烧的火焰；天生对于新事物的高度敏感，是源源不断的汽油；而本书中讨论的所有技巧，包括“第二只小鸡”、放松技巧和临界点，都是扑灭焦虑火焰的水。

当愤怒或悲伤等情绪被堵截、无法自然流动的时候，焦虑也会增加。悲伤的时候我们会哭泣，愤怒的时候我们会叫喊、跺脚，害怕的时候我们会发抖、战栗、冒冷汗，高兴的时候我们会微笑或大笑，这些都是情绪的自然流动方式。如果你不想被焦虑所困扰，那么请你打开“旅舍”的大门，热情地欢迎所有的情绪。

情绪的流动，还包括我们在冲动的指引下能够采取相应的行动，前提是这些行动必须有益和有效。例如，遇到不公正的待遇时，我们能够大声说出自己的愤怒，只要我们的安全不会因此受到侵害。如果情绪能够健康地流动，那么我们的冲动也就不会发展成伤害自己和伤害他人的行为。我们不会在想打人的时候真的就去打人，除非是不得已的自卫。情绪的流动，意味着在需要躲藏的时候躲藏起来，需要战斗的时候奋起战斗，以及孤独和悲伤的时候去寻找安慰。在健康的情绪流动中，我们会因为自己的不当行为而感到懊悔，但是不会发展成自我否定。我们会寻求与他人之间的亲密关系，但不会发展成过度纠缠。总之，我们能够了解自己的感受，自由地表达感受，并对自己的行为负责。

被堵截的情绪和被冻结的冲动，都会引发焦虑。如果我们拒绝自己的感受，那它们就会被堵在中途而进退两难。这可能也是为什么很多人在紧张的时候，总是觉得胸部、腹部和喉咙“堵”得慌的原因。很多成人（尤其是男性）告诉我，他们哭的时候会觉得眼睛很疼。我猜这是因为，哭泣对他们来说是一项“禁忌”，所以他们必须强忍着眼泪，结果就造成了眼睛的疼痛。

恐惧也会被堵截，进而转变成焦虑。正常的恐惧情绪会驱使我们在遇到真正的危险时逃跑、躲藏或反抗，以便争取安全。重获安全后，我们可以像掸掉尘土那样去除恐惧，让身心重新找回平衡，恢复平静。但假如恐惧及其相应的行动被堵截了，那么我们就会像小鸡装死那样进入僵固的状态，这就意味着恢复平静的过程也被切断了，因此就会造成焦虑。

在治疗心理创伤的过程中，为了重新打通患者被阻塞的情绪，心理学家及心理创伤专家彼得·勒文鼓励他们把遭遇中未能完成的动作，继续在治疗室中做完。例如，有人在心理治疗时慢慢抬起胳膊，做出保护脸的姿势，因为他曾经突然从自行车上摔下来，却没来得及自我保护。有人假装逃跑，或者向假想的攻击者吼叫和还击，因为他曾经真的被攻击，但由于巨大的威胁，本能的自卫行动都被阻止了。为了达到最好的效果，被治疗者应该以慢动作的方式完成这些动作，这样可以帮助他从僵固的状态恢复到力争安全的积极行动状态。

孩子的很多表现，都能说明他的情绪被堵住了。例如，本该情绪激动的时候，他却显得很淡定，说自己"没感觉"、"无所谓"、"不想谈了"，或者"死心了"。压抑情绪会导致孩子疲惫不堪、百无聊赖、没精打采。而日复一日的积压，又会使孩子不得不抑制越来越多的情绪。有的孩子也因此变得暴躁或者过分好动，这是因为当一条发泄通道被堵上之后，情绪的能量必然会从另外的地方释放出来，就像你在烧开水时，如果把盖子盖紧，那么水蒸气就会从盖子周围冒出来。

有的孩子自我封闭，有的孩子表面上是从不生气的老好人，有的孩子碰上一点儿小事就会暴跳如雷，他们都需要找到一种合适的方式来表达愤怒。"角色扮演"的游戏可以很好地帮助他们，因为你可以引入各种性格的角色，包括过分粗暴的、老实巴交的以及像机器人那样冷若冰霜的。孩子在和你一起扮演这些角色的过程中，可以领悟到：愤怒并不可怕，更不一定要造成伤害。

令父母经常感到困惑的是，一些孩子有时候看上去“既害怕又生气”，换句话说，他们是在愤怒与恐惧之间剧烈地来回摇摆，或者同时处于这两种情绪中。愤怒与恐惧同时存在的原因，我认为是孩子不愿接受那些被公认为“软弱”的情绪，所以要转换成一种“有力”的表达方式。悲伤、失落和害怕，都是较为柔软的情绪，因此常常被视为脆弱与羞耻。然而无论怎样评价这些情绪，它们都依然存在，并且不断要求获得释放。这些遭到强烈质疑和排斥的情绪是制造愤怒与过度焦虑的重要原料。

5 岁的乔纳是个高度焦虑的孩子，很容易感到恼怒，因而动不动就会生气。要是和朋友闹了别扭，他会说：“我恨你，我再也不和你做朋友了。”可是之后他又会感到孤独和被人排斥。对于乔纳来说，焦虑与愤怒两种情绪似乎互为因果。如果某个游戏令他感到紧张不安，他会用怒火来掩饰。生气之后，他又会更加紧张，因为他很担心别人的反应。老师说乔纳是个非常聪明的学生，但就是忍受不了犯错误。

乔纳曾经失去过几次重要的精神依托，其中一次是失去了心爱的祖父，但他从来都没有表达过自己的感受。他把什么都憋在心里，直到实在憋不住的时候才爆发出来。

后来，父母采用了“镜像反射”的方式，不加任何道德评判地把乔纳的愤怒情绪展现出来给他看。他的父母会说“只有这样才能表示你有多生气”，而不是说“要是你这么做，谁都不喜欢你了”。他的父母还引导乔纳描述身体在紧张时的感觉，比如把胃里难受的程度区分为“蜗牛爬”、“火车跑”和“火箭飞”三种级别。这些方法不仅帮助乔纳逐渐学会了调整自己的愤怒和焦虑，还得到了一个意外的收获：乔纳渐渐明白了自己内心埋藏着很多失落和悲伤。他终于开始谈论祖父了。

孩子常常哭一两分钟就突然止住，就像是把一扇大门砰地关上了似的。这看起来似乎是一件好事：他们哭完了。但是其实，他们可能并没有哭完，只是因为害怕释放过多的情绪而匆匆把它压制回去了。孩子还会通过吃甜食、看电视等方式来封闭自己的情绪。这些情况都需要我们付出更多的努力，让孩子知道我们接纳他们的各种情绪，知道情绪并不是危险的。

当孩子开始产生某些感受，而这些感受又是“禁忌”的时候，他们会变得尤其焦虑。最常见的两种“禁忌”感受是愤怒与性。大多数焦虑的孩子并不会像乔纳那样把愤怒表达出来，而不表达的结果只会导致更严重的焦虑，因为谁都不可能从没有过愤怒。表面上从来不哭的男孩也很容易焦虑，因为他的内心经常在流泪的边缘无助地徘徊。

近来我注意到，当孩子“欺负”毛绒动物或玩具娃娃时，很多父母都会予以责备：“你这样做会伤害它们的感情。”父母的这种反应非常值得探讨。我理解父母是担心孩子会因此真的去欺负人，但是这种反应所传递的信息却是：心存任何暴力都是错误的，必须被禁止。然而事实上，攻击游戏并不是真正的暴力，它只是游戏！孩子们非常清楚两者的差别，他们知道玩具是没有感情的，因此绝谈不上伤害。是父母混淆了现实与游戏的差别。

父母希望孩子总是能用语言来表达愤怒。我很清楚地记得有一位妈妈教育儿子要学会用嘴说，而不要动手打人。结果她儿子开始诅咒，满嘴都是她听过的最恶毒的字眼。尽管根本不知道这些词是怎么让儿子听到的，但是她必须承认，儿子使用得非常准确。她现在根本没法让儿子闭嘴了，因为当初就是她自己要求儿子“用嘴说”的。

面对愤怒时，我们常常认为只有两个选择：要么是实施暴力行为，要么是忍气吞声。但是，我们需要找到另外的表达方式。从不允许自己生气的人，多半会被别人欺负。在遭遇不公或者面临威胁的时候，我们需要奋起反抗，而反抗的力量就来自愤怒。

性感受，是一个触发童年焦虑的隐蔽机关。之所以隐蔽，是因为性感受往往令孩子感到难以启齿。有些孩子曾经因为隐约觉得自己与其他人不一样而感到焦虑，但他们也说不清楚到底不一样在哪里，而且似乎也与性感受无关。多年以后他们才意识到，当初的不同之处是自己有同性恋倾向。在了解到这一点之后，他们反倒不那么紧张了。当然，假如亲人或朋友对此持排斥态度，那么他们的焦虑肯定会成倍骤增。

你可能会想，对于那些会带来不快的情绪和那些只该属于成人的感觉，难道不应该制止吗？生气难道不会导致危害吗？性感受对孩子来说不是太早了吗？我想强调的是，压制感受的做法，比这些感觉本身更危险。如果符合自然成长规律的性感受遭到否定，那么孩子就会非常容易产生羞耻感。我们一厢情愿地希望纯真可爱的孩子不会产生性感受，但事实却是，所有的孩子都想知道宝宝是怎么生出来的，都会对男女身体的差异产生兴趣，都会发现触摸某些身体部位会感到舒服。如果我们让孩子因此而心生羞愧，那么结果就会给他们带来焦虑。对于性感受，我们应该坦然面对，并在不同年龄段相应地给孩子提供准确的知识，这样才会对他们更有帮助。

一方面，对于超出孩子理解能力的暴力或性行为场景，我们当然应该尽量避免孩子接触到。情色或暴力成分过多的电影往往是有害的。我们可能会觉得情色片没什么，反正孩子看不懂，但是那些画面及其情绪渲染还是会对孩子造成相当的冲击和困扰。结果有些孩子为了弄个明白，就去在同龄伙伴或者年幼的弟妹身上进行尝试。

然而另一方面，我们必须在生活中让孩子看到身为人类所自然拥有的各种情绪，包括愤怒和悲伤。假如为了保护孩子而不让他们了解我们的真实感受，那么孩子通常都会察觉出我们在隐瞒什么，而这会让他们更加紧张。但要是我们在孩子面前完全丧失理智的控制，如大吼大叫、捶胸顿足、哭个死去活来，这又很容易吓到他们。因此，我们要给孩子树立的榜样是：可以自由地表达情绪，但表达的方式并不吓人，更不会伤害他人。我们自己首先应该把感受用嘴说出来。如果孩子看见爸爸或其他成年男性会因悲伤而落泪，看见妈妈的行动坚定而有力，那么他会从中获益匪浅。

有些焦虑的孩子一旦发现自己可能要表现出“错误的情绪”，就会非常紧张，比如看见别人摔倒了自己想笑，或者在自己的生日会上想大哭一场。这些情绪一点儿错也没有，因为情绪没有对错之分。焦虑的孩子很难理解这个概念，但他们非常需要明白，因此我必须再重复一遍：世界上根本没有错误的情绪。有人在遇到一件不幸的事情时，就是会神经质地发笑；很多孩子在太被旁人关注时，就是会受不了，哪怕这些关注都是正面的。

如果希望孩子能够欢迎自己的全部情绪，作为成人的我们必须欢迎他们的全部情绪。而在此之前，我们必须首先欢迎自己的情绪。假如我们堵截了自己的某些情绪，那就很难去接纳孩子心中同样的情绪。我知道这是个巨大的挑战。我还从来没有见过哪个人在小的时候，全部情绪都能被身边的大人所接纳。也许就是因为这个原因，我们总是习惯对孩子说一些堵截情绪的话：“别这么生气了，他不是故意抢走你的卡车，他还是个小宝宝呢。”欢迎情绪的做法其实就是一个简单的镜像反射：“哇，你好生气啊！”

有一个关于接纳情绪的话题一直存在争议：是否应该鼓励孩子采取某种行动去发泄愤怒，比如捶打枕头或者大声喊叫？即便这种发泄是安全的，不会造成真正的伤害，但是效果上会不会反而让愤怒有增无减？有些情况下，比如走在路上时与人发生争执，这时发泄愤怒似乎会让自己更加火冒三丈。但也有些时候，比如枕头大战之类的打闹游戏，情绪的释放又确实能够帮人冷静下来。这其中的关键因素，我认为在于“联结”，也就是说孩子在释放情绪的时候，他能否感觉到身边有一位值得信任的成人，与他保持着紧密而温暖的关系。如果孩子能够感受到联结，那么愤怒的情绪就会被安全地释放出去，而不会形成“内循环”。但是，假如孩子感受不到你的存在，而是急红了眼，甚至伤害到他人，那么这样的发泄就很可能弊大于利。

多数成人都很难做到接纳所有的情绪，有个别人甚至连欢乐都无法容忍。在女儿小的时候，有一次我们一起去看几个朋友，他们住在一栋公寓楼里。女孩们嘻嘻哈哈地笑着走进公寓大厅。这时有个人从房间里走出来，说孩子们“笑声太大了”。她甚至给大楼管理员写了一封投诉信。幸好管理员没有找到禁止笑声的规定，这件事才算不了了之。

如果你想体验一节“高级情绪课程”，那就试试下面这个方法：把你的身心想象成鲁米笔下的旅舍，用半小时的时间欢迎到来的每一种情绪。如果你觉得时间太长，那就先从几分钟开始，然后再慢慢加长时间。如果你察觉自己想回避某种情绪，那就试着一点点靠近它。慢慢来，别着急。渐渐深入那个你想回避的感觉。在这个过程中你可以给内心感受的强度划分级别，还可以把感受描述出来。除了用“愤怒”“悲伤”“嫉妒”这些词去命名情绪之外，还可以试着使用一些比喻：像被困在陷阱里？心在往下沉？肚子像是被打了一拳？像火山要爆发？像被抛弃在路边的洋娃娃？

在刚才这个练习中，你一定体验到了接纳情绪有多么不容易。但是要坚持住，因为如果我们连自己的情绪都无法接受，那么就不可能真正帮助孩子接纳他们自己的情绪。

父母们还可以尝试写出自己的情绪史。你在小的时候，对情绪有什么认识？就拿“生气”为例吧，在你家里，不同的人在生气时都有什么不同的表现？他们容许你生气吗？大家在“悲伤”或“难过”的时候怎么办？你看见过大人在伤心时流泪吗？你哭的时候大人们会怎样安慰你（或阻止你）？有没有人引导你认识自己的情绪或者管理自己的情绪？如果家族中遭遇过焦虑的问题，一定要着重描述。

写完从前的情况，再来描述现在的，你自己的哪些情绪是让你无法接纳或难以承受的？孩子的哪些情绪是让你难以接纳和承受的？孩子情绪低落时，你会竭尽全力让他高兴起来吗？有一次，我把女儿从幼儿园接出来后，就看出她心情不太好。我问她发生了什么，但她明显不愿意多说，因此我只好放弃。走下台阶的时候，我心不在焉地唱起了歌。她狐疑地问：“你是想让我高兴点吗？”我回答说：“我没多想，你想让我哄你高兴吗？”她说：“当然啦，你可以试试！”

在回顾情绪史的过程中，你一定能够更全面、更深入地了解到，为了解决孩子的焦虑，自己需要付出怎样的努力。

倾听孩子，欢迎他们所有的情绪，并不意味着妥协和纵容。你可以说：“我可以一直陪着你，多长时间都行，你可以哭，也可以生气，但我今天真的不能让你吃糖。”这句话包括的两层含义都很重要：第一，你不会因为孩子的情绪而改变你的做法（除非你意识到你是错的，如果你错了，那就认错并改正）；第二，对于孩子此时此刻的悲伤或愤怒情绪，你会重视并提供安慰，而不是否定、阻止甚至指责。

孩子常常不知道怎样用语言说清自己的感受，甚至根本没意识到自己的感受。如果你能比较准确地猜到孩子的情绪（比如，你可以分辨出他的情绪是来自对新生儿的嫉妒，还是面对新事物的紧张），那么你可以替他把感受说出来。但是，不要把话说得太肯定，你应该说：“我猜，你可能觉得……”心理学家莫纳·芭芭拉把这种方法称作“负面情绪的发言人”。

例如，如果孩子常常感到害怕但又很少发脾气，那么你可以昂首挺胸，“愤怒”地大声冲窗外喊：“雷雨，走开！别来吓唬我！”然后，你可以鼓励孩子来一起做。

焦虑的孩子会表示：这么做会让他筋疲力尽。我认为，之所以感到疲惫，主要是因为他把精力都用来不停地压抑情绪了。“欢迎情绪”在一开始确实会让人非常紧张，但是也非常值得努力，因为它可以使情绪得到释放，从而减轻焦虑，最终增强内心的力量。

呵欠连连——用健康的方式释放情绪

“呵欠连连”的游戏，能够帮助习惯压抑情绪的孩子释放内心的感受。这个游戏如果能多人一起玩，效果会更好。首先，每个人都假装打呵欠。由于打哈欠极具感染性，因此往往很快就会让人真的呵欠连天。然后，每个人都假装大笑，真正的笑声也会随之而来，因为假装大笑是一件很滑稽的事情。接下来，试试任何你能想到的情绪：假装大哭一场，假装害怕得发抖、牙齿打战，假装气得暴跳如雷，假装因为吃惊倒抽一口冷气。大多数假装的情绪都会带来欢笑，一是因为有趣，二是因为大家可以在游戏中突破真实生活里的“禁区”，因为在生活中我们总被教导：不可随便袒露内心。

“呵欠连连”让我们体会到，对待情绪，不一定非要采取什么行动，只要直接去感受它，然后用眼泪、笑声、战栗或者呵欠，把它从身体里释放出去就可以了。这个游戏还可以帮助我们掌控释放的全过程，而不必担心情绪一下子汹涌决堤。有些成人在接受心理治疗期间常说：“我担心要是一旦开始哭，就停不下来了。”我问他们有没有见过谁会哭到停不下来，他们回答说没有。吉尼斯世界纪录里还没有“时间最长的哭泣者”这一项。

你有没有这样的经历：一场悲伤的电影，或者一段伤感的音乐，恰到好处地触动了你的感受，让你释放出积累已久的眼泪，但又没有让你情绪崩溃？孩子常常会做一些“有点刺激”的事情，以便感受“恰到好处的恐惧”。不过，他们也常常会失算，原以为只是有点刺激的恐怖电影或者过山车，结果还是把他们吓坏了。

我非常喜欢《狮子王》里那个故意找刺激的情节：两只土狼谈到木法沙——让他们闻风丧胆的狮子王时，一只土狼说：“听见这个名字我就会发抖。”另一只说：“木法沙。”前一只土狼颤抖了一下，说：“吓死我了！再来一次。”第二只土狼开始“木法沙、木法沙”地说个不停，前一只土狼又是发抖又是大笑，以此来释放郁结已久的恐惧。

一旦孩子启动了释放情绪的过程，就需要我们在他身边陪伴他、倾听他，直到他自己决定停下来。帕蒂·惠芙乐将这个过程称作“陪伴倾听”。与此完全相反的做法是“回房间自己生气去”“没人爱听你说这些”“你哭丧着脸的样子最难看了”。

除了在孩子难过时倾听他以外，我们还可以在“心情发布会”上处理那些未被倾听的情绪。“心情发布会”就是约定某个固定的时间段（通常在每天睡觉前），让孩子与你分享之前因为来不及充分表达而积累起来的情绪。有些情绪可能是你已经知道的：“今天在公园的那件事，你还没说完吧？”而有些情绪可能你还没弄清原委：“吃晚饭的时候，我觉得你有点不高兴，可我想了半天也没想出为什么。”

“心情发布会”会加强你与孩子的亲密联结，并增进孩子对自我情绪的认识。你也可以借这个时间来分享你自己的感受，只要是孩子能理解和承受的，而不是成人特有的担心和过于强烈的情绪，因为那样会把孩子吓到。这样持续一段时间以后，孩子会渐渐开始每天都盼着这个时间的到来，以分享平时无法表达的感受。

总而言之，孩子需要的是既能够自由表达情绪，又能够建立积极心态。“心情发布会”的着重点是表达。可以理解的是，你在一天劳累之后，可能没心情面对那些听上去不重要、不严重的情绪。尽管如此，你必须尽可能控制住自己的这种心态。每种情绪对于当事人来说都是重要的。事实上，如果你想让孩子说出你认为重要的事情，那么你必须专注地倾听他所说的一切，哪怕其中大部分都很琐碎。倾听孩子时，我也经常心烦意乱，也会很想对孩子说：“我还有更重要的事情要做，不想听你唠叨这些没用的东西！”当我能够控制自己的时候，我会对孩子说：“这么严重的事，真够让人难过（生气）的。”

孩子需要从我们身上学到，他能够应对心里产生的各种感受，哪怕是禁忌的、极端的和不受欢迎的。当孩子无法用语言表达清楚时，我们就需要给他提供其他的表达方式，如画画、捶打枕头、摔跤，以及依偎在我们怀里（即便他们已经长大了）。孩子有时会像斯波克先生那样，坚持认为分享情绪“没有意义”，因为那并不能改变已经发生的事情。让我们努力清除这种成见，因为表达和释放情绪的根本目的，是让我们放下对过去的纠结，清除头脑中的垃圾，全心享受此刻的生活。

有时候孩子知道自己想说什么，但却不敢开口，就像某些事实真相一直无法得到公布。这是焦虑的一个主要来源。格式塔疗法专家弗里茨·珀斯发明的“空椅子”疗法，就是针对那些想要倾诉却又诉说无门的人。这个技巧也可以在孩子身上尝试。放一张空椅子，让孩子想象椅子上坐着的是隔壁的小霸王、数学试卷或者离世的祖母。鼓励孩子对椅子说出想说的一切，而不用担心遭到报复或者造成伤害。

“空椅子”还有一个很好的变型，就是假装上面坐着困扰孩子的情绪，比如焦虑。孩子可以对着“焦虑”大声说话，怒斥它妨碍了自己的生活，告诫它再也不许把可怕的景象传到自己的脑子里。如果孩子愿意，你就坐在椅子上，扮演那个情绪。让孩子指挥你，告诉你他希望的台词是什么。比如，有个男孩让我扮成他的焦虑。我坐在椅子上，按照他的指示说：“我要让你睡不着觉，我要让你玩得不开心。”之后他摆出一副愤怒的样子，并朝我扔枕头。我假装吓得要命，最终保证以后再也不来打扰他了。

情绪超载

并非所有焦虑的孩子都会压抑自己的情绪，有些孩子在伤心或者生气的时候，会歇斯底里地发泄。他们虽然经常大哭，但是流出的眼泪却丝毫没有减轻痛苦和疗愈内心。这些孩子的问题是不会调整情绪。他们只有更好地了解自己的情绪，才能以更健康的方式进行表达。

避免情绪超载的方法之一，就是参考第 3 章中“恐惧测量计”的形式，在孩子情绪崩溃之前，提早让他给自己的情绪强度标注等级。孩子的情绪容易迅速飙升的原因，往往是他在之前没有察觉到情绪正在积累。给情绪标注等级，可以帮助孩子在尚未失控的时候及时做出调整，通过语言或其他非破坏性方式把情绪表达出来。

如果大人不对孩子的情绪加以评判或指责，那么孩子就可以更好地了解自己的情绪。斯科迪是一位 9 岁的小男孩，每当妈妈说他“管不住自己”的时候，他都会被激怒。尽管在客观上妈妈说的是对的，但这类话让斯科迪感到羞辱，他的行为也因此更加失控。后来，他妈妈换了一种说法，提醒他说“生气测量计快要升到 100 了”，而斯科迪就会注意到自己的情绪，然后和妈妈一起想办法来降低情绪的强度。

调整情绪时，有些孩子喜欢想象自己的情绪有一个渐进的强度调节器，而不是只有“开”和“关”两挡；有些孩子想象的则是把灶台上的炉火从大火减为小火；有些孩子把愤怒想象成从动物园里跑出来的熊，必须要把它驯服；有些孩子还认为必须“击毙”愤怒或者“摧毁”焦虑。不过对于“击毙”和“摧毁”之类的观点，我会持不同意见。一方面，孩子需要找到自己的比喻方式；但另一方面也要让他们懂得，情绪是不可能被“消灭”的，把情绪“关”起来更是不明智的。我会试着慢慢把孩子引到新的想象中，比如鼓励孩子与情绪握手言和，把它驯化成自己的宠物，或者给它套上缰绳。这些想象会帮助孩子在表达情绪和控制情绪这两者之间更好地找到平衡。

在情绪非常强烈的时候，单靠语言就无法将它彻底地表达出来了。此时孩子还需要通过身体来分享他们心底最深处的感受。你可以鼓励他们像狮子一样怒吼、跳舞、奔跑，变成愤怒（悲伤）的雕塑，或者撞毁用沙发垫搭成的城堡。

我最常用的情绪调节运动是“忽快忽慢”的游戏：你连珠炮似的发出指令，孩子按照你指令的速度和方向跑：“向左跑，向右跑，向我跑过来，向后跑，快点跑，慢点跑，超级慢，超级快！”为了更有趣，你可以加入各种韵律，发指令时还可以加入音量的变化。尽管我不能准确地从生理角度进行解释，但是经验告诉我，这类快速应变的运动可以加强孩子的情绪管理能力。

那么，我们是应该鼓励孩子笑口常开，常常哼着快乐的小曲，还是应该鼓励他们释放自己所有的喜怒哀乐？在某种程度上，斯波克医生和斯波克先生都言之有理。人的情绪有时会一发不可收，在这一点上斯波克先生没有说错。但是总的来看，我认为我们需要更多地采纳斯波克医生的意见。关于童年恐惧，斯波克医生写道："不要取笑孩子，不要对他不耐烦，不要总想着说服他克服恐惧……现在正是再多一些拥抱与安慰的时候，用这种方式告诉他你非常爱他，永远会保护他。"

情绪是对外界环境和内心想法的自然反应，任何人都有权产生任何一种情绪。但是情绪有时会非常强烈，以至于让人不能进行理性思考，甚至有可能损害自己与他人的关系。因此，我们既要接纳和释放情绪，也要控制和调整情绪。只要能够做到这些，情绪就不再容易引起焦虑。孩子需要表达真实的感受，而成人需要温暖地接纳这些感受。之后，我们还需要帮助孩子主宰自己的情绪，由他们自己来决定何时加油助燃、何时扑灭火焰。

本章要点

- 孩子需要了解各种情绪的本质，这样他才能识别情绪、有效地表达情绪，并判断是否需要克制情绪。孩子也需要学会如何调控情绪，避免情绪升级到失控的地步。
- 我们常常用"好心情"与"坏心情"来形容感受，但这可能会误导孩子，让他们以为有些情绪是"对"的，而有些是"错"的。的确，有些情绪让人感到高兴，有些让人不高兴，但是情绪没有对错之分。
- 情绪是对外界环境和内心想法的自然反应，任何人都有权产生任何一种情绪。但是情绪有时会非常强烈，以至于让人不能进行理性思考，甚至有可能损害自己与他人的关系。因此，我们既要接纳和释放情绪，也要控制和调整情绪。

第6章

挑战焦虑性思维

妈妈，万一你在去超市的路上，

遇到暴风雨死掉了怎么办？

—

一名12岁的女孩

在一列夜间火车上，一名男子正准备睡觉。当他迷迷糊糊正要睡着时，突然听到有人呻吟：“哎哟，渴死我了，渴死我了！”他真想把耳朵塞上，但那个声音却越来越大。他被吵得再也睡不着了，于是索性起身去饮水机那儿接了两杯水，找到那个嚷嚷口渴的老妇人，并把水递给了她。老妇人连连道谢，男子也回到自己的铺位，心想终于可以恢复平静了。可是当他刚要再次进入梦乡时，那个声音又响了起来：“哎哟，刚才差点儿渴死我了！”

这个笑话是焦虑者的生活写照，他们总是活在过去，总在反复咀嚼最近的一通电话或者不慎错过的机会。焦虑的人还生活在未来。汤姆·威尔逊笔下著名的漫画角色齐格就是一个经常焦虑的人，他的名言是：“我努力不为将来发愁，这样我就只用愁今天的事了。”

我把这种“活在过去和未来”的焦虑感称为“万一”心理。“万一我们刚才撞上了那辆车呢？”“万一你没来接我呢？”“万一我忘了锁门呢？”“万一爸爸不能按时回家呢？”“万一我们误了飞机呢？”“万一还有一只恐龙活着，偷偷溜进了我的卧室呢？”“万一大学不录取我，就是因为六年级那次数学考试没有得 A 呢？”

当然除了“万一”的句型之外，对过去和未来感到焦虑的人还会用这样的方式思考：“如果考试前能再多复习几遍就好了！”“我怎么会犯这么低级的错误？”“刚才真的可能撞上那辆车！”“你怎么就能担保床下没有怪兽？”“怎么办，怎么办？我会死吗？”“你会死吗？”

那位口渴的老妇人的笑话，展现了焦虑者的“特殊技能”：为每件事想出一个最坏的可能性。我喜欢的另一个典型例子，是美国当代作家戴夫·艾格斯的小说中的一段人物自述：“头顶上的喇叭里传出艾拉·菲茨杰拉德的歌声。不，也许是莎拉·沃恩唱的？我真担心这两位歌坛天后会生我的气，因为我根本听不出她们的区别。”

“万一”心理，是下面 3 种常见焦虑表现的根源：

- 犹豫不决（万一选错了怎么办？）。
- 完美主义（万一犯了错怎么办？）。
- 过度准备（万一发生了这件事情怎么办？发生了那件事情怎么办？万一发生了想不到的事情，又怎么办？）。

“万一”心理在焦虑的大脑中总是倾向于悲观，焦虑者总是想“万一撞上了那棵树怎么办”，而不是“万一一切顺利呢”。这种总是把焦点放在过去和未来的思维习惯，有一部分源自于难以接受的眼前事实：“为什么偏偏是我呢？”“怎么能发生这样的事呢？”“商店不应该关门呀！这可让我们怎么办？”

对于并不焦虑的人，头脑中也会有“万一”，只不过程度比较轻，而且更多的只是一种好奇和对过去感受的表达。实际上，适度的“万一”心理可以引导我们抓住重要的学习机会，做出积极的改变。必要的担心对我们有益，前提是我们在找到解决办法后，或者意识到担心也无济于事后，能够及时停止。正如心理学家玛格丽特·韦伦伯格所说：“认真去担心，但只担心一次就够了。”

相反，焦虑的担心会导致不切实际的“万一”一遍又一遍地重复，让人神经紧绷、倍感有压力，而且更重要的是，它并不会激发创造性的解决办法。它只会让人如临险境，进而诱发恐慌：“万一真的有怪兽怎么办？它一定会把我抓走的。”它就像一个永远也停不下来的报警器，在大脑中无限循环，长鸣不止。

对于处在这种状态的孩子，父母的每一句劝慰都会引来新的“万一”：

“这个聚会一定会很有意思的。”
“万一我谁也不认识怎么办？”
“你认识露丝、路易斯和伊夫林啊。”
“她们之间的关系，比跟我的关系近多了。”
“你昨天还说路易斯是你最好的朋友，你也是她最好的朋友啊。”
“万一路易斯有事来不了怎么办？”

“应该”和“不应该”，是焦虑者的另一个思维习惯。当然，我们每个人都需要适度的“应该”和“不应该”，以使行为更加符合道德规范。然而，一旦过度严苛，甚至带有羞辱的成分，“应该”和“不应该”就会制造焦虑：“我真不应该那样做！我是犯了什么毛病啊？我当时到底在想什么呀？”

这些苛责自己的声音是从哪里来的呢？显然，它们来自小时候父母的各种“应该”和“不应该”的要求。

当“应该”或“不应该”指向不可实现的目标，就会引发最严重的焦虑：“我应该每门功课都拿到 A。”“我什么时候都不应该生气。”“我应该永远快乐、大方、善良，不应该在心里有任何不好的念头。”

焦虑的孩子经常产生类似的幻想："只要我乖乖的，就不会有坏事情发生。""爷爷去世是因为我不乖。""关灯前摸三下台灯，我就会安全了。""门口再过去 7 辆车，妈妈就回来了。"所有这些幻想，代表的都是孩子渴望拥有掌控未来和改变过去的能力。这些愿望当然不现实，但是孩子却仍然会不住地幻想，因为这个世界充满了不确定性，而"不确定"是很可怕的。

即便是年幼的孩子，也会思考那些有关自身存在的哲学问题：生命的意义、死亡、痛苦以及为什么不好的事情会平白无故地发生？这些思考很容易引起焦虑性思维："为什么奶奶一定要死？是不是因为我做了什么坏事？"人类天生就有一种区别于其他动物的能力：寻找意义。但如果这一能力让我们总纠缠在那些找不到答案的问题上，或者把所有坏事都归咎到自己身上，那就适得其反了。

由于焦虑性思维习惯，孩子会对不该确定的事情很确定："我确定会很没意思，因为没有人会跟我说话。"社交焦虑的孩子不会想"我希望没人看着我"，而是会想"每个人都在盯着我"。同时，孩子还会对确定的事情不确定："我知道恐龙灭绝了，但也说不定它们会复活，还会溜进我的房间。"

放松的孩子不会浪费时间去担心那些概率小的事件（比如彗星撞上地球），也不去担心遥远的未来（比如 10 亿年后太阳会燃尽）。但是，焦虑的孩子却会担心。对孩子的这类担心，成人总是不够重视："别傻了，这种事不可能发生的！"然而，这的确就是焦虑大脑的运作方式。

大脑的安全系统只会对图像和感受做出反应，数字则毫无意义。无论地球爆炸这件事发生的概率有多低，其说服力也远远比不过孩子大脑中出现一幅地球爆炸的生动画面。焦虑的大脑通常还对时间没什么认识，因此对于已经过去的事情或者在遥远未来才可能发生的事情，孩子仍然会感到紧张。当头脑中的想象达到一定程度，孩子就会混淆现实与虚幻的危险。

按照前一章中“情绪火焰”的原理，信念会起到火上浇油的作用。某些信念在焦虑的孩子当中非常普遍：“这是一个危险的世界”，“不能相信任何人”，“没人能确保我的安全”，“让爸爸妈妈开心，是我的责任”，等等。如果你深入探究，会发现他们每一个“万一”的背后，几乎都存在着这类错误的信念。我们只有坚持不懈地为孩子创建一个“安全的大本营”，他们才能逐渐发展出新的、更富有安全感的信念。

焦虑的孩子几乎耗费了所有的脑力，来回顾过去和预演未来，以至于已经没有余力关注眼前这一刻。回顾过去当然有益，它能帮我们从错误中吸取教训；预演未来也很重要，特别是当我们要准备一场演讲或一次考试时。但是，假如要为未来每一件事的每一种可能性都做好准备的话，那无疑是对时间和精力的极大浪费。焦虑性思维习惯对人是一种极大的消耗。如果孩子被不愉快的过去和不确定的未来所占据，那么他就失去了真正有意义的现在。

我们很难简单地定义什么是“焦虑性思维”，但是以下几条描述可能有助于我们的理解：

- 焦虑性思维，是引发紧张、压力和不安的念头。比如，脑子里出现了“床下有怪物”的念头后，孩子就难以放松下来。
- 焦虑性思维，是在焦虑的状态下容易冒出来的念头。比如，当一个人处于高度紧张状态的时候，一点儿响动就会让他联想到盗窃或绑架。
- 焦虑性思维，是那些企图通过异想天开的办法来缓解紧张感的念头。

比如，“如果我检查三遍门窗有没有关好，那我就安全了。”

- 焦虑性思维，是对周围世界的错误解释。比如在电梯里，恐慌症偶然发作，焦虑的大脑就会解释为“电梯很危险，以后要远离”。等到下次乘电梯时，自然就会更加紧张，而更加紧张的感受，又印证了之前“电梯危险”的结论。

挑战焦虑性思维：必要准备

消除“万一”心理和其他焦虑性思维的根本对策，就是揪出这些想法中不合理的地方，进而挑战它们，最终踏踏实实地生活在“此时”和“此地”的现实世界中，而不是充满担心的想象里。然而，焦虑性思维会激烈地对抗你的挑战。

你是否曾经幻想过，大人的逻辑分析可以让孩子焦虑的念头立刻消失得无影无踪？“世界上根本没有什么怪物。”“好的，妈妈，那我就不害怕了。晚安！”多么美好的对话啊！可惜，这只是一个幻想。

逻辑分析无法让焦虑消失。焦虑性思维对理智具有超强的抗击能力。因此，我们需要事先进行周密的计划，首先要有策略地避免引起抗拒，进而才能更有效地挑战焦虑：

- 首先共情，接纳孩子的感受。孩子只有在确认你能理解他的感受之后，才有可能听得进去你对焦虑想法的挑战。
- 挑战绝不等于争辩。你一旦开始争辩，所有的挑战都会变得无效，不管你实际上有多么“正确”。
- 自己内心生出的挑战，远比外部强加的质疑更有效。所以，要想方设法引导孩子自己提出质疑，而不是一味灌输大人的想法。

- 挑战孩子的“万一”心理之前，先反思我们自己是否曾经有过类似的状态。

例如，如果孩子问：“万一你死了怎么办？”你不要一上来就反驳：“我不会死的！”“别傻了！”“想那些也太早了点儿吧！”相比之下，共情是一个好得多的开场：“那真是太可怕了！”或者“你能把这么可怕的想法说出来，真是不容易！”

一位朋友分享了她是如何将“共情”摆在第一位的：

“昨晚我正在和朋友通电话。我本以为翠西早已睡着了，但没想到她跑下楼来，说：‘妈妈，我突然觉得特别害怕，可我也不知道为什么。’我的朋友在电话里听到翠西的话，说：‘哎，小孩子都是这样，睡觉前总是这不好那不对的。’可我不这样认为，因此我尽快结束了电话，然后把翠西搂在怀里。她依然说不出是怎么回事，但我对她说：‘妈妈很高兴，你不但发现了自己在害怕，而且还跑来告诉妈妈，这样做特别好。’5 分钟后，她就睡着了。”

这位妈妈虽然不知道女儿在怕什么，但她仍然选择了“不轻视感受”。她的信念是，情绪只要产生，就是正当的，尽管女儿自己也说不清为什么通常父母很容易对自己猜不透或者“平白无故”的情绪不屑一顾，而对于听上去“微不足道”或者“幼稚可笑”的恐惧就更加满不在乎，比如在孩子担心“万一老师突然变成了狼人怎么办”这类问题时。

我们必须理解的是，**所有恐惧和焦虑的背后，一定都藏着更深层的信息，例如害怕被抛弃和缺乏安全感**。孩子之所以总在表面上对鸡毛蒜皮的事情过于认真，是因为他们无法用语言描述更深层的感受。

因此，只要发现孩子的警报被拉响，我们就要立刻与之共情，而不是等到我们认为警报“应该”启动的时候才去这样做。孩子的警报一旦启动，我们就首先要帮他解除警报，重置安全系统，无论触发警报的是真实的危险还是想象的威胁。如果我们对孩子说“根本没什么可害怕的啊”，那么他会直接屏蔽这句话，因为对他而言，害怕是真实而切身的存在。这时，执意与孩子争辩，让孩子为自己的恐惧和焦虑感到羞愧，是有百害而无一利的。

同样，如果我们说“别担心，不会发生那种事的”，孩子也会屏蔽我们的话。对他们来说，由于脑海中的恐怖画面生动逼真，因此可怕的事情就相当于“正在发生”。在孩子的认识中，如果爸爸妈妈说“不可能发生”，那么一定是爸爸妈妈自己没搞清楚。因此这个时候，不如用好奇心去迎合孩子的天性：“嗯，我们一起来仔细看看，你说的事情是不是真的发生了。”

焦虑的孩子一般都非常善辩。他们的争辩不一定合理，但却强而有力，而且可以不停地来回重复。所以，我们不要掉入争辩的陷阱，更不要试图赢得这场辩论，否则不管我们多么正确，最后的输家一定是我们，因为处于焦虑状态的大脑会誓死捍卫自己的想法。这也是为什么“我没有担心”（冷静的第二只小鸡所传递出来的信号），效果要好于“你的担心没有道理”的争辩。孩子的担心一定是“有道理”的，只不过我们不懂罢了。

提出问题，也可以避免无休止的争辩：“爸爸比平时晚了，除了因为遇到了麻烦，还可能有什么其他的原因吗？”

表示好奇，同样具有对抗焦虑的作用：“我特别想知道，这些可怕的想法，今天是怎么偷偷溜到这里来的？”“我想看看，你会怎么对付那些难缠的念头？”“我在想，把它说出来或者做深呼吸，会不会帮你放松一点儿？”

孩子的焦虑性思维不可能被外部力量所改变，有效的挑战必须发自内心。假设你的孩子因为要去参加足球训练而非常紧张，他一点儿也不想去。你说："昨天你还很喜欢呢！"他不理睬你的话，于是你生气了，又接着说："昨天你明明很喜欢啊！"这回，他也生气了。问题出在哪里呢？尽管"他昨天喜欢踢球"是事实，但这丝毫无助于缓解他"今天的紧张"。但是，假如挑战是他自己提出的，那么结果可能会大为不同。所以你可以尝试通过提出问题，启发他自己提出挑战："昨天你是用什么办法，让训练变得有意思的？"

"焦虑的清单"是我经常和孩子玩的一个游戏：坐在孩子身边，陪他们把那些常常带来困扰的焦虑想法列成清单，然后让他们针对每一条提出挑战。我们经常会急于为孩子提供更好的主意，不过要忍住这种冲动，我们能提供的最佳帮助就是耐心地鼓励孩子自己去理清思路。

凯伦是一个有严重社交恐惧的女孩，在休学一段时间后重新回到学校时，她非常忐忑不安。后来她为自己列出这样一张清单：

焦虑的念头	挑战的办法
大家都会盯着我看。	也许他们正想着别的事，并不是在议论我。
如果别人问我这段时间去哪儿了，我真不知道该怎么答。	耸耸肩就行了，或者就说："我生病了。"
我真不应该落下那么多课。	落下就落下了，没有什么"应该"和"不应该"的。
在这所学校，我再也交不到朋友了。	谁也不能预言将来，况且我在以前的学校里都交到过朋友。

在对孩子的焦虑性思维提出挑战之前，我们必须花一些时间来发现和处理自己的焦虑。

你心里是否也藏着某些“万一”？如果孩子放学回家晚了几分钟，你的脑海里会不会跳出绑架或者车祸的念头？你能否对自己说“他肯定是在跟同学玩，所以耽误了”？你脑海中那些焦虑的想法是不是栩栩如生，以至于会让你真的揪起心来？如果你常常处于这类状态中，那么不妨和孩子一起试试本章中提到的原则和技巧。

焦虑性思维之所以顽固，是因为它们非常生动逼真。因此对它们提出挑战时，就需要加倍的慈爱和耐心。

接下来，我们分别讨论有效应对“万一”等焦虑性思维的方法：

- 游戏。
- 当下。
- 激活更多脑区。
- 先欢迎，后扭转。

挑战焦虑性思维：游戏

“运气好与真倒霉”。正因为焦虑的孩子想象力丰富（尤其在遇到不好的事情时），因此他们特别适合玩这个游戏。游戏大致是这样的：大家轮流讲故事，开始的那个人（通常是大人）先讲一件幸运的事（“运气真好，今天是个好天气啊”）。接着，第二个人（孩子）则需要把故事转向不幸的一面（“真倒霉，开始下雨了”）。就这样，大家轮流用“运气好”和“真倒霉”把情节发展下去，直到故事有一个意想不到的结局。

这个游戏对孩子有三重意义。第一，游戏引发的笑声，会从生理层面直接化解紧张；第二，各种“万一”和担心原本都是严肃的事情，而游戏让它们变得轻松甚至好笑；第三，不停地“想象恐怖场景”，对于焦虑的孩子是一种难以抑制的冲动，游戏让孩子充分释放这种冲动，大胆发挥想象力。所不同的是，游戏中的想象带来的是轻松的结果。

“万一没有呢”。“万一不”或者“万一没有”，是对“万一”心理的最直接挑战，但是在运用时的方式，一定不能是严肃的争辩，而应该是好玩的游戏。这个游戏的关键之处，是开心的表情和语气，同时在态度上又没有丝毫的轻视。这个游戏的灵感，还是来自黛娜的分享：

> “我的女儿已经12岁了，已经不再问‘万一床底下有怪兽怎么办’这样的问题了。她现在的问题会是：‘妈妈，万一你在去超市的路上，遇到暴风雨死掉了怎么办？’当年我可以去床底下检查一番，然后安慰她，可是对于现在这些问题，我真不知道该怎么回答她。后来有一天晚上，我坐在她床边，她又开始担心我遇难：‘妈妈，万一鲨鱼把你吞进肚子里怎么办？’我回了一句：‘万一鲨鱼没有呢？’也许，当时我碰巧用对了语气和措辞，因此女儿听到后笑个不停。现在她已经会自己说：‘万一老师发作业时，突然变成了狼人怎么办？嘿嘿，万一他没有呢？’‘万一我这次考砸了怎么办？可是，万一没有呢？没关系，万一真考砸了，我就把试卷吃掉呗。’有时候，如果她没有主动发起这个游戏，那我会先认真听她说完，然后问：‘万一没有呢？’我认为这个游戏起作用的关键，就是把那些沉重的恐惧变成了我们之间的玩笑，这让孩子在心里感受到了力量。”

“滑稽舞步”，是另一个挑战焦虑性思维的游戏。这个游戏之所以有效，是因为它是纯肢体性的活动，并且带有一定的野性。它能让孩子从无休止的逻辑争辩中解脱出来。黛博拉·米勒创作的图画书《与“紧张”共舞》

中描述的就是这类帮助孩子的方法："来，我们跳个滑稽舞，唱首搞笑歌，把紧张通通赶跑吧！"

我在前面的章节中提到过这个建议：用"假想游戏"消除焦虑。焦虑的孩子通常比其他孩子更有想象力，而这也正是导致他们容易紧张的原因之一——他们能生动地想象出各种危险的画面。但是，如果我们巧妙运用角色扮演的游戏，那么想象力便不再是紧张的助力，而会成为消除焦虑、增强自信的利器。

"超级英雄"和"好人抓坏人"的游戏，都可以帮助孩子很好地建立自信，并在游戏情景中进一步探索情绪。

此外还有两个角色，非常适合加入挑战焦虑的游戏：一个是"科学家"，另一个是"间谍"。

"间谍游戏"中，可以把焦虑的想法想象成一个鬼鬼祟祟的间谍，而孩子则是技高一筹的另一名间谍。比如，一个名叫休的男孩就曾告诉我："我的焦虑偷偷溜进来，想让我以为自己不喜欢足球。其实我很喜欢足球，只是有时会担心踢不好。"休就这样识破了"焦虑"的诡计，并告诉它："我要去玩橄榄球了，你就放心待在家里睡大觉吧。"接着，休神秘地笑着对我解释说："美国人和欧洲人对足球的叫法不一样，所以我骗'焦虑'说我去玩橄榄球，其实就是去踢足球。"

"紧张实验室"游戏，是利用"科学家"这个角色的工作特征，让孩子像科学家一样搜集研究与紧张焦虑相关的重要信息：紧张什么时候最强？什么时候最弱？紧张想阻止我做哪些事情？又想怂恿我做哪些事情？它会让我的身体有什么感觉？

由于"科学家"的工作就是做实验，因此接下来的研究问题就可以包括：如果我对紧张提出挑战，那么它会有什么反应？我在练习放松时，它又会有什么变化？

借助科学家或间谍的角色，孩子在游戏中可以很快了解到紧张情绪的规律。他们会意外地发现，原来自己不仅对“紧张”越来越了如指掌，而且对付它也越来越得心应手。

一个名叫达夫妮的女孩由于焦虑而不敢像同龄的孩子一样去好朋友家过夜。经过努力，她理清了那些焦虑的念头，并给它们起了滑稽的名字，这让她觉得自己可以主宰焦虑。在这些焦虑的想法中，有一个名叫“悲观使者”，总是让达夫妮感觉每件事都会变得越来越糟。为了打败“悲观使者”，她列了一个清单，在上面一条一条地写下脑子里最常出现的焦虑想法。之后，每当达夫妮意识到某个念头又来骚扰她时，就在那条想法旁边画一个叉，说道：“抓住你了！”她还向我表演了抓住“悲观使者”后她自己得意的“坏笑”，也就是模仿动画片里坏人的那种坏笑。事实上，这种“坏笑”经常把她自己逗得乐不可支。

达夫妮给焦虑思维的另一种影响起名为“幻觉”。她对我解释道：

“你知道‘幻觉’吗？就是有些事并不是真的，但因为你想象得太逼真，所以把它想成真的了！我紧张的时候，就常常上‘幻觉’的当，以为自己真的遇上麻烦了，其实那不过是脑子里的想象。有一次我的‘幻觉’是：在贝琪家的聚会上，没有人理我。那个画面太逼真了，搅得我真的不想去贝琪家参加聚会了。”

达夫妮说得一点儿没错，头脑中的画面越逼真，我们就越容易相信那是真的。

为了消除“幻觉”，达夫妮发明了“真实性探测器”，它能帮助鉴别想象中的画面到底有多真实。“探测器”的刻度从 0 到 10，0 代表完全是假象、根本不可能发生，而 10 则代表完全真实。

大一些的孩子会觉得“间谍”或“科学家”之类的游戏太幼稚，因此他们可以试试直接向焦虑的想法提出质疑和挑战：“这真的会发生吗？会不会是焦虑念头在作怪？”

克雷格花了很长一段时间才发现，有时他早晨醒来后觉得身体不舒服，其实只是在下意识地掩盖紧张。理想的情况是，他醒来后能够意识到自己的紧张，于是采取相应的办法来缓解紧张（事实上他已经掌握了不少有效的放松技巧）。但是，“身体不舒服”的想法却让克雷格相信自己是生病了（而不是紧张了），于是解决的办法也就变成了待在家里养病。了解到这一层后，克雷格采取了直截了当的方式，向“紧张”提出挑战：“难道‘生病’真的纯属巧合吗？跟‘下午的考试’一点儿关系都没有吗？”

“悲观使者”和“幻觉”这类典型的焦虑性思维，常被人们称为“思维错误”。我会避免这种说法，因为这很容易让孩子觉得是自己有问题、不够聪明。我经常对孩子说的是：“你们是很聪明的，焦虑才不够聪明，它只会用那几招诡计来捣乱。只要识破这些诡计，就很容易打败焦虑。”

焦虑的诡计之一叫作“所见即全部”，这是心理学家丹尼尔·卡尼曼对它的称呼。

卡尼曼认为，我们大脑中负责理智的部分（理智脑）反应速度较慢，甚至有点懒惰，它总是让大脑中反应速度较快、较为情绪化的部分（情感脑）来处理事务。然而由于情感脑在处理事务时，对反应速度的要求远远超过对准确性的要求，因此情感脑总是会自动选取捷径。捷径之一就是“所见即全部”——只需要知道眼前的事情，没有必要搜集更多信息。

在某些情况下，“所见即全部”的快速反应是有益的。但在大多数情况下，它却会给焦虑的孩子制造很多麻烦。因为紧张的念头和感受就是他们的“所见”，所以他们很容易认为这些就是“全部”事实：“我现在想到的事情很可怕，所以可怕的事情一定近在眼前。”在“所见即全部”的模式下，孩子不再继续搜寻代表着安全的信息，也不接受别人的劝解，因为他认为自己已经知道了全部事实。孩子只有认清这种模式的本质后，才会去寻找更多相关信息并做出更准确的评估。

“斥责焦虑”，可以严肃认真，也可以滑稽有趣，我在此描述的是角色扮演的游戏。先让孩子想象或者画出“焦虑长什么样子”，它可以是一团乱七八糟的四不像，也可以长成一个怪兽或者一个人的样子。有的孩子喜欢让毛绒玩具来扮演他们的焦虑。接下来，让孩子对“焦虑”说话。不要越俎代庖替孩子说话。孩子自己说出的话，可能会出乎你的意料，因为那里面可能充满着愤怒、悲伤、受伤、叛逆、搞笑，也可能是各种情绪的混合：“别再给我做那些可怕的事情了！我知道你是想保护我，但我也需要放松，也需要高兴啊。哼！我已经识破你的诡计了！”

很多焦虑性思维都表现为消极的自我暗示。也就是说，孩子们总在对自己说“事情会出错的”或者“我肯定又做错了”。因此要想克服焦虑，就必须扭转“自我暗示”。那么，把“我做不到”换成“我一定能做到”不就行了？事情绝没有这么简单。焦虑的情绪异常狡猾，随时都会溜回孩子的脑子里。

事实上，语气比话语本身更重要。综艺节目《周六之夜》中，斯图尔特·斯莫利最受欢迎的表演就是他战战兢兢的“自我鼓励”：“我已经非常棒了！我已经够聪明了！见鬼，大家都喜欢我的！”他说这番话时，总是一副无助和心虚的样子，显然连他自己都不相信自己的话。积极的自我暗示，必须基于自信的语气。

我们都对自我暗示习以为常，从未想过要去质疑它，甚至没有注意到它的存在。我在和孩子讨论焦虑时会问，脑子里那个“声音”是在用第一人称说话（“我不能再犯错了”），还是在用第二人称说话（“你不能再犯错了”)。接着我会请孩子假装“焦虑在说话”，大声说出焦虑的想法。这样，我听到这些焦虑的想法之后，就可以顺势回应：“有个人整天跟在你背后唠叨这些，你肯定烦死了！”或者“要是我脑子里总有那些声音，我也一定睡不着。”有时我还会提醒孩子：“咦，那个声音，以前好像听到过。”我们必须认识到，这个“声音”绝不是孩子杜撰出来的。其实，我们每个人在内心都曾对自己说过很多类似的话。

把“自我暗示”大声说出来后，孩子会获得更强的掌控感。当孩子与内心焦虑的声音拉开一点儿距离后，他们就更容易切换到积极自信的模式上。当孩子越来越了解自己的自我暗示后，我会问他们：“如果有人对你那样说话，你会怎么回答？那个声音想让你做什么？想阻止你做什么？你同意它说的话吗？”

对于这个方法，心理学弗朗辛·夏皮罗还有一个补充建议：让孩子模仿动画片里的滑稽语调，大声说出在他们脑海里不断重复的焦虑想法。滑稽的语调会动摇那些想法的可信度，因而可以帮孩子从它们的纠缠中脱身出来，并重新做出更理智的评估。

挑战焦虑性思维：当下

对焦虑性思维最强有力的挑战，就是引导孩子关注眼前的现实（即“当下”)，而不是把所有注意力都放在过去和将来上。当我们把注意力放到当下时，所感受到的可能是悲伤、愤怒或者恐惧，但通常不应该是焦虑。仔细想一想就会明白，当我们关注此时此地的情景并真的感到害怕时，说明危险就近在眼前，这时我们需要的是立即行动，而不是坐在那里焦虑万分。

回归当下，是冥想、正念和禅修的理念基础。对此，即便是年幼的孩子也可以开始学习。这并不需要多么严格的训练，只要愿意留意自己的呼吸、身体的感觉、周边的环境，或者头脑中此刻的想法就可以了。只要我们能够专注于当下，哪怕只有短短几分钟的停留，也可以重置安全系统，缓解紧张和焦虑。

而且，即便是那个“万一”的想法，也可以成为被关注的当下：“我现在有一个‘万一’的念头。”这听上去确实自相矛盾。这样做的原理是：只要觉察到“万一”的存在，就可以有效地降低它的影响力。

· 讲故事的作用

当我们刚刚经历了一次惊险的事件，例如一场恐怖但并没有造成重伤的交通事故，我们可能会情不自禁地发抖甚至大哭。这种状态不是焦虑，而是“清除恐惧”的本能，其目的是释放之前因为恐惧而冻结在身体里的能量，从而使身体恢复平衡，重拾安全感。这种本能还有另一种表现方式，那就是：我们会强烈地渴望把事情的经过讲述出来，甚至需要一遍又一遍地重复。这是一种本能的疗愈过程，它可以防止让某些恐怖瞬间积压成为长久的心理创伤。如果此时，我们身边恰好有一个人愿意倾听我们的诉说，并对我们满怀关切和理解，而没有任何的评判和指责，那么，“讲故事”就能够最有效地清除恐惧。面对孩子时，这样一位倾听者会用慈爱和关怀营造出充满安全感的当下，从而自然抚平孩子在过去的事件中所遭受的伤痛。“刚才我好害怕，但现在我已经安全了。”“刚才我孤单极了，但现在我身边有了一个非常贴心的人。”孩子讲故事时，每一次重复都可能会加入更多的细节，同时可能伴随更多的颤抖和眼泪。这是好事，因为颤抖和眼泪在释放恐惧及其造成的紧张压力。

· 查看当下

对焦虑性思维最直接的挑战，就是对当下的查看：“我们来看看你的想法和眼前的情况有什么不同。”不要把你眼中的当下强加给孩子，因为那样只会引发反感和抗拒。让孩子自己看清当下的事实。心灵自助畅销书作家拜伦·凯蒂建议的提问方式是：“那是真的吗？你确定那是真的吗？”你可能并不赞同孩子的查看结果，但那不重要。无论如何，不要与孩子争辩。

凯蒂的提问（她自己称之为“功课”），尤其适用于“恐龙会在晚上溜进我的房间”之类的困扰。提问的前半部分可以提醒孩子想一想，头脑中的担心是否与现实相符；如果孩子坚持认为自己的担心有道理，那么提问的后半部分就是提醒他再想一想。

查看当下，可以帮助孩子把注意力放在此时和此地的现实，而不是他们脑中充满“万一”的危险世界。凯蒂还有另外两个进一步挑战焦虑想法的提问：“假如你相信那个念头，那你的感觉会怎样？”“没有那个念头时，又会怎样？”我们确实很难证明大部分想法的对错，但我们至少可以让自己的感受更好些。

没有人能够预知未来，但是焦虑的孩子却认为他们可以。他们坚信自己预知未来的能力，而且坚信未来一定会有坏事情发生。假如坏事情真的发生了，那么他们就认为得到了验证；而假如坏事情没有发生，他们却又会忽略事实，而不认为自己的预测有什么问题。焦虑的孩子就是这样：沉迷于想象，并依据想象来行事。

有个老笑话，说的就是这种状态：一个男人正驾车行驶在乡间小路上，突然他的车胎爆了。他虽然有备胎却没有带千斤顶，所以无法换胎。他想起刚刚路过一个农庄，于是决定往回走，看看能不能从农庄借到千斤顶。他一边走，一边想象着自己如何走到农庄，敲开大门，跟农场主打招呼并说明想借用千斤顶，农场主非常热情，不但把千斤顶借给了他，还开车送他回到爆胎的地方，并帮助他换胎。可是突然之间，他的想象来了个 180 度的大转弯：“万一他没有千斤顶呢？那我可就困在这里了。或者他有，但是万一他不肯借给我呢？那他就是个大混蛋。他为什么这样小气呢？”等走到农庄时，他还在想：“太过分了，他凭什么不借给我！”于是，他在农庄的大门上重重地捶了几拳。农场主刚打开门，就听见他咆哮道：“跟你的狗屁千斤顶一起见鬼去吧！”吼完，他就怒气冲天地转身走了。

· 查看风险

我们永远无法精准地预知未来，所以必须接受一定的风险和不确定性。然而对于焦虑的孩子，这一点恰恰是他们难以接受的。即便在毫不可能的事情上，他们也非要得到一个百分之百的确定：“妈妈，你永远都不会死，对不对？”“你证明给我看，为什么狼进不了咱们家？”危险的事情的确会发生，但是发生的概率绝没有焦虑的孩子所担心的那么高。不过，仅仅告诉孩子“可能性很小”是毫无用处的，因为哪怕是 1% 的可能性，也会让孩子感到不安。

这种时候，第二只小鸡的冷静反应可能会更有帮助：“是的，我知道有风险，但我还是愿意承担这个风险。”或者“要是发生那种事真是挺可怕的，不过发生的可能性太小了，所以我还是愿意去试试。”

如果父母一再坚持没有任何风险，那么焦虑的孩子就会变得更加小心。他们想不通：“明明自己感觉不安全，为什么爸爸妈妈却告诉我很安全呢？”承认风险的存在，是更好的回应，因为这样我们就可以一起来评估：是否值得冒险？

首先，我们还是需要了解一下孩子的感受。例如，客观地讲，每天出门，坐车，跑过马路，这些过程中都存在风险，但是我们都可以坦然接受这些日常生活中的风险，而且不会因此产生任何焦虑。现在让我们切换到焦虑的视角：假设我们高度紧张，认为上述日常生活的过程都是高风险的，那么我们会怎样？我们可能仍然会去做这些事，只是在这个过程中我们会忐忑不安，甚至心惊胆战。

接下来我们需要发现孩子的另一面。即便是那些最胆小的孩子，也一定在生活中坦然面对过某些风险。我们可以和孩子讨论一下，生活中有哪些事情其实存在风险，但他们认为没什么大不了的？又有哪些事情是他们认为有风险，但却能鼓起勇气、大胆尝试的？有哪些事情是他们认为既惊险刺激、又有趣好玩的？明确地告诉孩子，在别人看来很可怕的一些事情，他们却每天都在做；同样，他们感觉害怕的事情也有一些人能轻松完成。

我们还可以列一张“恐惧症清单”，写出一长串可怕的事情，比如“害怕流鼻血”“害怕水獭”等。很多孩子非常喜欢一边读这张清单，一边哈哈大笑，因为很多事情他们自己不害怕。

对于多数人而言，“时刻做好准备”是一条不错的至理名言。但是焦虑的孩子却经常“过度准备”：他们总是希望自己能为每一件事的每一种可能性做好最充分的准备。然而我们都知道，生活的复杂程度远远超出了可以充分准备的范围。过度紧张导致的过度准备，最终只能换来精疲力竭，丝毫不能让生活变得更易预测。关于过度准备，我也有一个很好笑的笑话和孩子们分享：

> 登台表演是阿尔文一直以来的梦想，可是因为害羞的个性和太忙的缘故，他一直无法追逐自己的梦想。有一次，他在纽约度假时，顺便去探望一位在百老汇当制作人的朋友。阿尔文向他透露了自己渴望登上舞台的梦想，谁知他的朋友竟说：“今天真是你的幸运日！我们剧组的一位演员生病了，我正四处找人替他今晚上台演出呢。他和你的体形差不多，所以你肯定能穿上他的服装。”阿尔文推辞说，自己绝不可能在几小时内记熟台词，但那位朋友却鼓励他不用担心，因为他只有一句台词：“哈克，我听见炮声了。”

阿尔文简直不敢相信能有这样的好运气，于是他应承下来之后赶紧跑回酒店，争分夺秒地练习台词："哈克，我听见炮声了。哈克，我听见炮声了。哈克，我听见炮声了。"他在镜子前至少排练了一千遍。终于，他累得不行，倒头睡着了，不过，即便在梦中他也没有忘记台词。等他猛然惊醒时，第一反应就是"要迟到了"。他赶紧冲出酒店，一路上横冲直撞时也没忘了背台词："借光！哈克，我听见炮声了。对不起！请让一让！哈克，我听见炮声了。"阿尔文一路冲进剧院，依然片刻不停地练习着。他的朋友一边冲他嚷嚷"怎么迟到了"，一边把衣服扔给他，他迅速穿上衣服后便被推上了舞台。等轮到他时，所有的目光都聚集在他一个人身上。"轰"的一声炮响之后，只见阿尔文跳起来大叫道："什么声音？吓我一跳！"

· 查看信念

比起"查看当下"和"查看风险"，我们更难做到重新审视内心的信念。焦虑背后的信念藏得更是非常隐蔽，只有经过一番耐心的倾听和探究，它们才会现身。

凯文是一个六年级的阳光男孩，但是有一次他因为作业中遇到了难题而陷入恐慌。我问他（这是我最常提出的问题之一）："如果做错了，或者空着那道题不做，会有什么麻烦吗？"（问这个问题时，语气必须温和友善。）凯文说，那样他就得不到高分了。我接着问（仍然保持温和的语气）："那又怎样呢？得不了高分会有什么麻烦呢？"最后，我们终于找到引发凯文焦虑的那个信念：我的全部人生都取决于将来能否上一所好大学，而现在每一次作业和测试的分数都会影响到入学的结果。

这个信念的发现，对凯文起到了至关重要的作用。在此之前，他总是责怪自己说："真不知道我自己是怎么了！这点鸡毛蒜皮的小事，有什么好紧张的呀！"可是，这种自责完全无助于缓解紧张情绪。在意识到内心深处的那个信念后，他终于明白："原来我这么紧张，是因为这个呀。那么长远的一个目标，应该不会因为现在做错一道数学题就无法实现了吧。"他开始主动挑战自己的信念，不再对作业中的难题焦虑不已。后来我告诉凯文，他已经发现了打败焦虑的一条绝杀秘技：不要相信你深信不疑的每一件事。

挑战焦虑性思维：激活更多脑区

心理治疗师、神经学家路易斯·科佐利诺曾向我介绍"多条大脑路径"这个理念。大脑中不同的活动（例如记忆、依恋、情绪、感官、语言、动机等），是由不同的神经路径完成的，而神经路径又是由大量相互协同工作的神经细胞组成的。科佐利诺解释道，有两个因素决定着孩子的大脑能否获得最大限度的发展，一是在幼年能否接收到足够的爱和亲密，二是是否有足够的机会让更多的神经路径在同一时间内启动。我一直深知爱和亲密的意义，但激活多条神经路径，对我而言还是一个新概念。

举例而言，角色扮演游戏就是需要多条神经路径相互协同工作的活动，因为它同时涉及肢体运动、语言表达、想象力的发挥以及情感的互动。相反，被困在焦虑状态的孩子却只有"紧张"这一条路径异常活跃，而所有其他的神经路径几乎都被抑制了。

下面我来介绍一些有助于激活多条神经路径的方法。

"启动感官"，是激活更多大脑区域的一个快捷方法。向四周看看，以最快的速度找出 5 种绿色的东西；闭上眼睛，捕捉衣物给你带来的触觉感受，或者微风拂过皮肤的感觉；留意你脚底或者你正坐着的东西；握住一个冰块，玩一玩泥沙，或者触摸材质各异的东西；给别人按摩或者让别人给你按摩，等等。所有这些活动都能迅速启动大脑的感官路径。

同时，别忘了身体内部的感觉，包括前庭感（旋转或倒立会对前庭造成刺激）和本体感（人对自己身体与空间关系的感知能力）。我们可以让孩子用一个手指摸着鼻子走直线或者单脚站立，然后闭上眼睛，再试试走直线或单脚站立。

激活任意一条神经路径，都会有助于缓解孩子的紧张感。追逐打闹游戏，可以启动运动路径；数学游戏（前提是孩子的焦虑与数学无关），可以启动逻辑思维路径；拥抱，可以启动情感交流路径。前面章节中提到的“滑稽舞步”游戏，之所以能够有效地对抗焦虑，也是因为符合了激活更多脑区的原则——它至少同时启动了三条神经路径：运动、音乐、联结（与他人一起做一些有趣而搞笑的事情时所产生的感受。）

很多焦虑的人都发现，当自己非常专注于某件事情时，紧张感就会大大缓解。这种专注状态被称为“心流”状态，也就是人们常说的“沉浸”状态或者“高峰体验”。这是大脑的高级工作状态，与焦虑时的高度紧张状态完全不同。当我们沉浸在一件事情中时，时间感似乎慢慢消失了，当下这一刻正在无限延伸。焦虑时，我们的大脑被无数个“万一”切割得支离破碎；而处于心流状态时，我们的身心则美好地融为一体。

当然，我们不可能强迫孩子放下焦虑，进入心流状态。不过，我们同样也不能坐等心流状态从天而降。通过发展个人爱好，或者参加创意性活动，孩子可以从小积累心流的体验。这类活动要与孩子的能力相匹配，也就是说，不仅要符合孩子的兴趣，而且难易程度要恰到好处，太难或太轻松都无法让孩子进入心流状态。

使用隐喻，也有助于激活更多神经路径，因为它需要启动语言、想象和抽象思维等大脑区域。我最常用来描述焦虑的隐喻，就是第 4 章中提到过的“放映员”。“放映员”会在我们大脑中放映容易引发焦虑的图像、场景和想法。但就像一个名叫朵拉的女孩所说：“放映员有权选择他想放映的电影，可我也有权选择要不要留下来看啊。”我还喜欢“内置温控器”的比喻：当我们的紧张值攀升到一定程度时，“内置温控器”就会自动开启风扇，给焦灼的心情降温。

“紧张邀请函”，是卡米尔为自己想出的一个应对紧张的绝妙隐喻：“以前，我经常担心妈妈会忘记接我放学。只要一想到这个，我就害怕极了。后来我想出了‘紧张邀请函’这个主意。每当我又开始紧张时，就想象自己收到了来自‘焦虑协会’的精美邀请函。‘邀请函’外面写着：‘大事不好！’而里面写着：‘如果你接受这个邀请，请急速呼吸，并把自己捆绑起来。请放心，从此你绝不会得到快乐，你将不再独立，并且每天在恐惧中惶惶度日。如果你拒绝这个邀请，请慢慢地深呼吸，你很快就能想起以前妈妈如约来接你的场景，你也可以和朋友们在一起享受更多乐趣、更多放松和安全的感觉。’每当我用这个办法看到自己的恐慌时，就会断然拒绝那个邀请。”

“想想你正在想什么”，就是在产生焦虑想法的时候，开启负责语言和逻辑的神经路径。第 5 章中介绍的几个有关“情绪火焰”的放松技巧，正是基于这个原理。比如让紧张情绪在 1 至 10 的不同等级之间游走，尽可能丰富细致地描述身体的感受，或者说出这次情绪过程中的“火种”、“火焰”、“助燃汽油”和“水”。

第 3 章中提到的“便条提醒”，也是基于这个原理：在一张纸条上写下“我现在非常恐慌。这种感觉虽然非常难受，但并不存在真实的危险。这种感觉一定会过去”。把这张纸条随身放在口袋里，需要时就读一读，这样就可以在感到焦虑时启动大脑中的其他路径。

挑战焦虑性思维：先欢迎，后扭转

深受焦虑性思维困扰的孩子，总是拼命要赶走自己头脑中的想法，结果到头来收效甚微。有效的解决办法必须遵守一个“自相矛盾”的原则，那就是：先真诚欢迎焦虑的想法，然后再把它们彻底扭转过来。欢迎焦虑性思维的态度，与之前提到的“欢迎情绪”十分类似。下面的一些方法运用的就是“先欢迎、后扭转”的策略。

“烦恼时间”。一个经常用来解决孩子焦虑情绪的做法，就是规定一段特定的时间专门用来“烦恼”或“担心”。“烦恼时间”最理想的安排是在每天临睡前。对于焦虑，人们通常是避之不及，可是在我们试图放松下来、准备睡觉时，却常常跟它撞个满怀。“烦恼时间”就是要打破惯常的逃避模式。在“烦恼时间”里，我们需要做的就是陪孩子尽情地“烦恼和担心”，最佳效果是在结束时孩子自己开始对那些“万一”想法感到无聊甚至厌倦。因此，10 至 15 分钟通常是比较合适的时长，时间太短会难以到达上述效果，而时间太长则又容易干扰孩子的正常生活。

值得提醒的是，刚开始的时候，孩子很可能会表示自己“没什么烦恼”。没问题，那就正好一起来享受“无忧无虑的 10 分钟”。假如在时间快到的时候，孩子开始觉得烦恼起来了，那就跟孩子一起（或者请孩子自己）对“烦恼”说：“亲爱的‘烦恼’先生，刚才请你时，你为什么不来呀？现在可不行了。等到明天的‘烦恼时间’，你再来吧！”

“倾听焦虑的娃娃”。在危地马拉的民间传说中，布娃娃可以倾听孩子诉说焦虑，进而缓解孩子的恐惧。娃娃倾听孩子时，不会带有丝毫的评判和指责。这个方法的另一个好处在于，有些孩子在面对大人时会感到尴尬，而对娃娃则可以大声说出自己的害怕和担心。

有的孩子喜欢把自己的担心"关进"一个盒子里。还有些孩子愿意把它们写在纸上，然后亲手撕掉。其实，日记起到的作用也十分类似，只不过日记还有一个潜在的好处：也许哪一天，可以把这些情绪的表达变成某种艺术作品，那样就会进一步降低焦虑的危害。

"有益的预演"。并非所有重复性的思维都属于焦虑性思维，许多问题的完满解决都有赖于我们适度的紧迫感、对各种可能性的预测以及预先对解决办法的多次演练。因此在帮助孩子时，我们要引导他们判断：哪些想法是有助于解决问题的？哪些则纯粹是毫无用处的消耗？比如，假如孩子说自己一整晚都在想某件事情，那么我们可以问他："那你想出什么好办法了吗？"如果他想出了，那么这就是"有益的预演"。如果没有，那就鼓励孩子进一步想一想："那么多的想法，是不是真的有帮助？那会不会是一个找不到答案的问题？想那么多以后，有没有得出结论或者新的行动计划？花了那么多时间想那个问题，你是否感觉更安心、更自信？如果把这些精力用来放松，感觉会不会更好？"不过，千万不要一次就把这么多问题都抛出来。

"预演成功的画面"。尽管焦虑的孩子会花很多时间回顾过去和预演未来，但他们却容易忽略真正有意义的回顾和预演：过去的成功经历和未来可能取得的成功。鼓励孩子尽量在脑海中回顾或预演"成功的画面"，可以有效地改变以往的思维模式："嗯，这确实有难度，想象一下，你是怎么做成的？""哇，你真行！你是怎么想出这个办法的？"许多运动员在比赛开始前，都会提前想象这次比赛过程的画面，当然，出现在他们脑海中的画面都是胜利的场景。

好消息是，焦虑的孩子早已熟练掌握了预演的技巧，因为对于各种不好的"万一"或"如果"，他们早已有过无数次的预演经验。因此，他们唯一需要的就是友善的提醒：如果需要，那就预演建设性的解决方案、积极的应对之策以及成功一刻的欣喜画面。

“然后呢”。对于焦虑的孩子而言，一个焦虑的念头就是事情的全部，因为这个念头会充斥孩子的整个大脑。比如，假设你的女儿忘记了一项家庭作业，那么她会想：“老师肯定会很生气！”她无法驱逐这个念头，于是“老师很生气”就变成整件事情的开端、高潮和结尾。然而事实上，一个焦虑的念头不可能是事情的全部。因此，我会经常问：“然后呢？会发生什么呢？再然后呢？”在这个过程中，我们可能会发现孩子更深层的恐惧，或者，孩子可能自己就会发现事情并没有那么糟糕。

“从这次紧张里，能不能找到你真正想要的是什么？”这是一个针对焦虑性思维的非常有力的提问，它源于迈克尔·怀特和戴维·艾普斯顿创立的叙事疗法。这个提问的意义在于，它有可能会引出一个内容丰富但却潜藏心底的故事。例如，当我向凯文（那个因为作业而焦虑的男孩）提出这个问题时，他说他的焦虑说明他非常想考取一所好大学。只有基于这个认识，我们才有可能一起继续讨论：执着于每次家庭作业的完美，是否真的有助于他顺利进入大学？后来他自己得出结论说：不一定有帮助，反而是学会自我放松能帮他更有效地实现这个目标。这是一个巨大的突破，而在此之前，凯文一直认为“放松就是在浪费时间”。再后来，他带着惊喜对我说：“你知道吗，我发现在‘紧张’上花的时间，可比练习深呼吸要多得多。”我当然早就知道了，但是只有在他自己察觉到这一点后，事情才会真正开始改观。

在“你真正想要的是什么”这个问题之后，你还可以问下一个问题：“在你看来，还有什么事情是同等重要的，甚至更加重要的？”对此，凯文的回答是：享受生活，与家人、朋友愉快地相处。这让他第一次发现，真正需要解决的问题不是家庭作业，而是焦虑的情绪。

你不妨也来试试，问问自己：对于某个问题的纠结，说明你真正想要的是什么？你的焦虑，影响了哪些更重要的事情？

精神病学专家丹尼尔·西格尔在其著作《全脑教养法》中，描述了一位爸爸帮助儿子的案例。儿子因为害怕木乃伊而不敢睡觉。刚开始的时候，爸爸否定了儿子的恐惧：“没什么可怕的呀！衣柜里、床底下，房间里每一个角落我们都看过了，都没有木乃伊。赶快睡觉吧！”可想而知，这样的做法对孩子毫无帮助。后来，西格尔建议爸爸换一种方式：“脑子里总是出现木乃伊的样子，那一定可怕极了。我有个办法，咱们改一改那个木乃伊的样子。”孩子问：“怎么改呢？”爸爸说：“咱们让它的样子变得好玩一些，不再那么吓人，怎么样？比如，咱们给木乃伊穿上芭蕾裙，再戴上一顶棒球帽？”

11 岁的男孩杰克也有过类似的体会。他说，起初他强迫自己不要去想可怕的东西，但那根本没有用。后来他发现，只要改装一下自己想象的东西，就会让原本可怕的画面变得不那么可怕，而且它们突然跳进脑子里的时候也越来越少了。

“安全的冒险”，是一个挑战焦虑性思维的有效途径。它指的是那些有趣、刺激但又不会带来实质性危险的活动。为了重塑焦虑的大脑，孩子需要不断累积一种体验，那就是：生活可以有惊无险、刺激好玩。“安全的冒险”对于大部分焦虑的孩子来说，刚开始时可能非常陌生，但是一旦他们了解并熟悉了，便会抱着极大的热情主动寻找那些有趣、刺激、可以释放紧张但又足够安全的活动。很多孩子在户外运动时都能找到这种有惊无险的感觉，比如攀岩或者踩着倒下的树干横跨小溪。与此同时，我们别忘了挑战自己：尝试去做一些理智上知道足够安全，但在感受上却仍然觉得有点害怕的活动。

焦虑的孩子因为被各种“万一”所纠缠，而无法关注眼前的现实，他们一直活在过去的可怕经历和对未来的恐怖想象里。作为父母，我们能够帮助孩子关注当下的事实。当然在一开始的时候，孩子很可能不相信前面提到的“关注当下”等方法会帮助他们摆脱困境。这很正常，因为焦虑的孩子会怀疑一切（除了他们自己头脑中的焦虑想法）。因此，我们不能强迫孩子使用任何技巧，而应该设法让他们感觉到：这会是一个有趣的尝试。

本章开头那个火车上的笑话，描述的其实是一种“活在过去”的状态，那么在本章结尾时，我想用一个“活在未来”的笑话与之呼应。虽然这个笑话有点过头，但却是“‘万一’心理操控思维、混淆虚实”的极好写照：

> 一个年轻的女人要去探望姐姐。她正在纠结到底应该坐汽车还是坐火车？她想：如果我坐火车，那么旁边的位子可能空着，也可能有人。也许会有人吧。如果有人坐在我身边，那可能是一个男人，也可能是一个女人。或许是一个男人吧。如果一个男人坐在我身边，那么他可能已经结婚，也可能还是单身。他没准儿是单身呢。如果他还单身，或许我会嫁给他，或许又不会。我可能会嫁给他吧。如果我嫁给他了，也许我们会生一个孩子，或者也不会生。还是生的可能性更大。如果我们生了一个孩子，他可能是个男孩，也可能是个女孩。应该是男孩吧。如果我们有了一个儿子，他有可能参军，也可能不参军。他也许会参军吧。如果他参军了，或许会被派去战场，或许不会。万一他被派去了呢？如果他去了，也许他会在战争中丧生，也许能活着回来。他可能真的会死在那儿！……我还是坐汽车吧。

本章要点

- 必要准备：逻辑分析无法让焦虑消失。焦虑性思维对理智具有超强的抗击能力。因此，我们需要事先进行周密的计划。
- 应对“万一”等焦虑型思维的方法：
    - 游戏。
    - 引导孩子关注眼前的现实（即“当下”）。
    - 激活更多脑区。
    - 运用“先欢迎，后扭转”策略。

第7章

9种常见的童年焦虑

焦虑如今似乎越来越普遍了！有个男孩，因为放学时爸爸没有按时接他，就号啕大哭起来。还有个孩子，只要有任何一件事不在她的意料之中，她就会烦躁不安。我们见过各种各样的孩子：总在咬衣服的，害怕出门的，只要作业纸上脏了一点儿就会眼泪汪汪的。还有个不善于交往的女孩，听到别人赞美她的新鞋时，居然哭了起来。

—

课外班的一位老师

前面几章重点讨论了焦虑从不同的方面给人们造成的影响，这些方面包括身体、行为、情绪、思想和人际关系。本章将从另一个角度，来讨论童年焦虑的9种常见表现，以及相应的游戏策略。这9种常见的童年焦虑是：

- 依恋与分离
- 社交焦虑
- 床下的怪物
- 生活中的危险
- 创伤性恐惧
- 刻板
- 过度取悦他人
- 生与死
- 烦恼汤

依恋与分离

很多年前，当我的女儿艾玛还在襁褓中的时候，我参加过一次讲座。讲座开始前，幻灯机突然坏了。主讲人说："我不太担心，总会有人来修好它的。但是斯坦利会很着急。"听众面面相觑，都不明白斯坦利是谁。她接着说：

"斯坦利是我父亲，虽然他早就去世了，但是我依然能够听见他的声音萦绕在我的头顶：'大事不妙了，所有的人都会离开的，再也不会有人请你来做讲座了。'在以前，他那些忧心忡忡的话总是让我恐慌不安，可是现在我会告诉他：一切都会没事的。"

那次讲座的内容我全忘了，唯一记住的就是斯坦利。我还清楚地记得，当时我问自己：等艾玛长大后，我希望萦绕在她心头的是什么样的声音？

我希望，艾玛以及所有的孩子，在想起父母的时候，耳边会响起一个与斯坦利截然相反的声音。这种声音可以给孩子带来温暖、安全和平静的感受，并帮助他度过各种困境。这个声音就是"内化的安全感"，它并不是一夜之间就能产生的，而是我们无数次满足孩子的需求、抚慰他的情绪、让他知道可以依靠父母的结果。小毯子或布娃娃等安慰物，之所以可以成为孩子的情感寄托，是因为孩子已经把来自照料者的真实的温暖与安全感内化在自己的心中。假如没有这种内化的安全感，孩子可能就会出现过度依恋和分离焦虑。有些孩子早年被忽视、被虐待或者遭遇过重大变故，因而就更加难以内化安全感。即便是深受宠爱的孩子，在内化安全感的过程中也可能会遇到困难，尤其是在焦虑的时候。

适当的依恋与分离焦虑，是大脑安全系统的必要组成部分，例如孩子见到陌生人时会感到紧张，这意味着孩子可以分清哪些是熟人、哪些是陌生人。

在一个普通孩子感到紧张的时候，只要多给他一些关爱和耐心，就可以帮助他度过紧张时刻。他只需要一个温柔的提示就能知道自己是安全的；他也可能只需要一些游戏来建立安全感。“蒙猫猫”是婴儿期经典的依恋与分离游戏，它通过有趣而安全的方式，让孩子体会“妈妈不见了”和“妈妈又回来了”的概念。孩子长大一点儿后的“捉迷藏”游戏，也是以安全的方式上演“自己找不到别人了”（或者“别人找不到自己了”）和“大家又重逢了”这一生活中的重要主题。还有一个游戏叫“你好，再见”：让一些布娃娃或者小动物排队，一个一个对孩子说“再见”，说完就把它们一个个藏到你的背后，然后又很快拿到孩子面前说“你好”。这些游戏都能够帮助孩子适应分离。

然而对于分离焦虑较为严重的孩子，建立内在安全感的过程会相当艰难。他的痛苦不再是暂时的和轻微的。他有着强烈而持续的痛苦。他需要反反复复的安慰，尤其需要温暖的拥抱——即便是年龄已经较大的孩子。

造成分离焦虑的原因，有时并不是分离时的紧张情绪，而是分离得太多了——很多孩子太久见不到自己至爱的亲人。这种情况下，你只要多花些时间陪他，他的焦虑感就会减轻。在你回家以后，他希望你把工作放在一边，陪着他一起玩。但是，你要有心理准备：孩子可能一看见你就会难过，或者发脾气。他可能会躲起来，不理你，或者总是跟你找碴。他知道你已经回来了，他只是在向你表达他之前对你的思念有多痛苦。你最好跟在他身后，想尽一切办法跟他和好如初、重建联结。睡觉前的分离焦虑，有时也未必是因为孩子害怕自己一个人，而是他想要得到更多的亲子联结。因此这时你可以说：“你晚饭吃得好香好饱，肯定不需要起来找东西吃了。现在，我要好好陪你一会儿，让你知道我有多爱你。”

有些父母会走向另一个极端：为了保护孩子不受任何分离之苦，而时时刻刻陪伴在孩子身边。从长期看，这样做对孩子是没有益处的。父母总有自己要去的地方，孩子也需要有自己的日常活动。更重要的是，如果父母从来都不把孩子交给其他信得过的成人，那么孩子就没有机会去体验短暂的分离，日后就可能无法承受分离时的紧张，同时也没有机会享受重新回到父母身边的快乐。

假如你担心分离会伤害孩子，那么最好反省一下你自己对分离的感受。有可能是你——而不是你的孩子——在与亲人分开的时候心里总是惴惴不安、若有所失。而机灵的孩子或许早就察觉了你的痛苦，因此想通过紧紧依偎在你身边的方式来保护你。

我有一位朋友，每当儿子在幼儿园门口大哭的时候，她都极其不愿离开，尽管老师说几分钟后孩子就会没事的。有一天，老师对孩子说："哭是一种与妈妈说再见的很好的方式。"我的朋友记住了这句金玉良言，她知道这句话不仅是说给儿子听的，也是说给她自己听的。

另一个朋友向我描述了"把妈妈撞出门"的游戏，这是她女儿的老师发明的，用来帮助孩子减轻分离时的焦虑情绪。这位老师抱着孩子，力度适当地撞向妈妈，三个人都咯咯地笑起来。撞了几次之后，妈妈终于被撞出门外。这类身体接触的游戏，可以缓解分离时的紧张，让孩子不再缠住妈妈不放。

为什么年幼的孩子会缠着人不放？ 每个孩子先天都带有一套本能的依恋系统，其主要功能就是想尽一切办法让自己身边有人陪伴。这个功能被称为"寻求亲近"。寻求亲近就是婴儿哭泣的生物性目的：成人难以忍受婴儿的哭泣，希望它赶紧停下来，于是便冲过去满足婴儿的需求。普通的孩子在需求得到满足以后，安全系统就会得到重置："没事了，现在我可以平静、放松下来了。"然而正如第 1 章中所描述的，容易紧张的孩子由于解除警报的功能太弱，警报无法停止，因此他会不停地寻求亲近。在你想要离开他的时候，他会死死抱住你的大腿，要么泪流满面，要么大发脾气，或者千方百计地找借口让你留下。这的确令人烦恼！然而此时，父母越是不耐烦，孩子就会越发不安，结果就越是缠住父母不放。

“依恋恐慌”是强烈的分离焦虑，表现为惶惑不安并拼命寻求安慰等行为。当寻求亲近的本能目的没有达到时，孩子会感到孤独并且害怕。你可能就在他身边，但是他却因为内心的恐慌而对你视而不见。假如你以前曾经因为孩子踢人而把他拖进房间关禁闭，那么你就一定亲眼见到过依恋恐慌的表现：哭泣、哀求或尖叫。孩子在踢人之前很可能已经感受到亲子联结的破裂（因为绝大多数不当行为的根源都在于亲子联结的断裂），因此这时的惩罚无疑是雪上加霜。哪怕禁闭的时间很短，哪怕是孩子“咎由自取”，这种用“分离”进行惩罚的方式都将会把孩子彻底地抛入恐惧之中。

因此，如果你发觉孩子产生了依恋恐慌，那么应该马上改变策略，全力向他提供情感上的安慰，直到他平静下来。对于他的不当行为，以后你会找到更合适的时间去处理。

有的孩子会在睡觉时产生依恋恐慌，有的孩子会因为放学时父母没有按时来接而极度不安：“我以为你死了或者把我忘了！”另外，父母离异、亲人去世等，都可能造成依恋恐慌。实际上，成年人也会产生依恋恐慌：在商场的人群里看不见孩子的那一刹那，你是什么感觉？

“就不让你走”，是我最喜欢同黏人的孩子一起玩的游戏。游戏中大人和孩子互换角色，大人一边缠着孩子不放，一边说：“就不让你走，就算我不吃饭、不洗澡、不上卫生间，我也不管，反正我就不让你走！”注意语气一定要轻松好玩，不要让孩子觉得你在嘲笑他。一般情况下，那个平时黏着人不放的孩子，很快就会嘻嘻哈哈地扭身逃走。他走开后，你可以根据具体情况的需要来决定是结束游戏，还是更加死皮赖脸地黏着他。当你用游戏的方式充分满足了孩子的联结需求之后，他就自然会在联结与独立之间找到平衡。

“最特别的鞋子”，是一位妈妈的发明，她有一个非常黏人的孩子。假如孩子抱住你的脚不放，那么你可以假装自己穿了一只世界上最特别的鞋，让你简直寸步难行。“这只鞋好特别呀，又大又沉！而且就只有一只！”这个游戏既能在一定程度上让你释放自己的无奈，又不会伤害孩子的感情，因为游戏时你是一边笑着一边说话的。“哎哟，我一步都走不出去呀！我要喊救命啦！”假如孩子是赖在你的身上，而不是抱住你的脚，那么你可以把这个游戏变成“最特别的背包”。

第 4 章中介绍的很多游戏都适用于依恋焦虑，如：派孩子去各个房间完成各种秘密任务，你和孩子分别握着一根绳子的两端，看看彼此能离开多远，等等。

在同龄的其他孩子越来越独立的时候，焦虑的孩子对于离开父母却显得无所适从，会表现出无助和犹豫，达不到实际年龄的平均标准。在这种情况下，父母过度的“救援”反而会加重孩子的“焦虑性依赖”。孩子需要的不是行动上的救援，而是情感上的安慰。心理学家米歇尔·博尔巴向父母们提出一个问题：“父母的反应，从根本上是会增强还是削弱孩子的独立能力？”孩子确实首先需要爱与关怀所带来的安全感，但同时也需要独自探索世界时一定的紧张感受。不要指望孩子一下子就可以彻底独立，要慢慢来，一步一步地引导他。**每一次轻推他走向独立的时候，都要用更多的时间去拥抱他、抚慰他，满足他对安全感的需求**。

孩子有的时候只要妈妈，这常常让爸爸和老人感到被排斥在外。不要太在意，孩子的表现并不是针对谁，他只是因为分离而感到非常焦虑，无法冷静地意识到周围其他人也是安全可靠的。他满脑子都是：这个人不是妈妈。只有当安全感从他内心建立起来的时候，他才能放松下来，才能与其他人愉快相处。千万不要责怪他暂时的不开心，尽管你已经在很努力地让他高兴。有效的做法是理解他，与他共情，说出他的期望："妈妈很快会回来的。我知道你非常非常想她。要不，我们来画一幅画，等她回家时送给她？"画画能够在一定程度上修复因为分离而造成的暂时的"联结断裂"。紧张的情绪有所缓解后，你还可以和孩子玩一场"妈妈在哪儿"的游戏："妈妈在枕头下面吗？妈妈在被子里面吗？妈妈是不是藏在冰箱里啦？"

社交焦虑

社交焦虑通常表现为：害羞，拘谨，极端内向，对他人的想法太过在意。社交焦虑会导致很多痛苦，引发所有有关焦虑的常见症状，以及社交焦虑所特有的问题，如：回避目光交流，退缩，逃避，羞愧，过于自我，等等。严重的时候，孩子可能不愿意和家人以外的其他人说话，甚至拒绝上学。社交技能的缺乏会加重社交焦虑，反过来，社交焦虑也会影响社交技能的提高。

当然，孩子需要在一定程度上在意别人的看法，因为这是他们融入集体并交到朋友的必要前提。凯希问妈妈："你觉得西尔维娅会喜欢我送给她的生日礼物吗？"这份小小的担心是健康的，相比较之下，下面两个想法就属于不健康的两个极端："我不能去参加她的生日聚会，因为她可能不喜欢我送给她的礼物。""我才不管她喜欢不喜欢呢，这是她自己的事。"

容易产生社交焦虑的孩子，常常会预演并过度准备每一次即将到来的谈话和会面。他会生动地想象出各种灾难性的社交意外。他不会去想"也许一切都正常"，更不会觉得"那又有什么大不了的"。一旦他想到了灾难，灾难就会像宿命一样如期而至。社交焦虑的核心，往往是惧怕被批评、被忽视、被排斥或被嘲讽。于是孩子希望不要被人注意，他祈祷老师上课时不要点他的名，过马路的时候不要遇见熟人。我认识一个父亲，他成天都在给他的女儿洗衣服，因为哪怕是一个芝麻大的污渍都会惹得孩子不愿去上学："大家都会看见的！"

严重的社交焦虑会是非常痛苦的，然而痛苦还不是问题的全部。深陷社交焦虑的孩子会越来越不愿意与人交往，因而也变得越来越孤独、越来越与世隔绝。他没有机会练习和提高社交技能，因此在交朋友或进入集体的时候，他的忐忑与挣扎是可想而知的。

你自己有社交焦虑吗？如果有，那么你需要面对和克服自身的社交恐惧，因为这是帮助孩子减少社交焦虑的唯一途径。我知道这非常不容易。本书中为孩子设计的技巧与策略，对成人同样有效。尝试一下吧。假如你仍然不能下决心克服自己的社交焦虑，那么请了解一下约翰·霍普金斯大学的一项最新研究成果：容易产生社交焦虑的父母，更少对孩子表达关怀与慈爱，更可能批评而不是赞赏孩子，更容易怀疑而不是信任孩子。除了基因以外，这可能就是社交焦虑代代相传的方式吧。

或者，你是一个外向、自信、擅长与人交往的人吗？如果是这样，那么你可能会被经常产生社交焦虑的孩子弄得莫名其妙。最好的办法就是理解他，与他共情。孩子需要的不只是"再努力些"或者"去战胜它"的督促。他需要从你这里得到的东西有两样：首先是接纳他的现状，其次是轻轻推着他前进，尽管前进途中有时会让他觉得不舒服。记住：**既要"轻"又要"推"，两者缺一不可**。

· 关于慢热

许多焦虑的孩子都属于"慢热型"。他们在面对陌生人或走进新环境的时候，会产生强烈的反应，因此需要花较长的时间让自己慢慢熟悉他们。

这种特点以前被称为“害羞”，但是许多研究童年焦虑的专家反对使用这个词，因为“害羞”暗示的是一种永久而持续的问题，并不适用于焦虑的孩子。心理学家塔马尔·尚斯基提出了一个更好的建议：“从现在开始转换一个思路——孩子并不是陷入了害羞的困境，而是在慢慢地并持续地尝试与外界建立联系。告诉别人，你的孩子不是害羞，而是‘需要一点儿时间来预热，等一会儿就能加入游戏了’。”

米歇尔·博尔巴建议，在事先计划活动时，就把预热所需要的时间纳入其中。我非常赞同这个建议。孩子在鼓起勇气尝试探险之前，可能要花很多时间坐在你腿上观察，甚至与你争辩。对此，你如果做好心理上和时间上的充分准备，那么就更容易把控好自己的情绪。这就像你预计会遇上交通堵塞，因此要预留更多的时间一样。如果你们打算在游乐场玩一个小时，那就把这段时间分成半小时的预热加上半小时的玩耍（甚至 59 分钟的预热加上两人一起滑一次滑梯，也无不可）。这样，你就不至于觉得太过沮丧，孩子依偎着你的时候也会渐渐充满信心。一旦他在大本营（你的怀抱）里获得了安全感，就会迈出步子开始探索。为孩子提供一个安全的、爱的空间，让他有足够的时间去观察并想象自己如何尝试新的活动。从长远看，孩子对新事物的适应能力一定会得到增强，他现在需要的只是多花一些时间来内化安全感。

每一次把孩子轻轻推出“舒适地带”后，我们都需要用更多的安慰和鼓励为他找回情感上的平衡。克服社交焦虑是一项艰巨的任务，其间哪怕是迈出最小的一步时，孩子也需要身边有“爱的盟友”来提供支持。

如果孩子在交朋友方面有困难，那么你可以邀请他的一位同学及其父母来做客。可能两个孩子很快就会觉得跟大人在一起没意思，于是他们自己自然就玩起来了。当然，对社交感到焦虑的父母就不一定喜欢这个建议了。

对于慢热型或者容易退缩的孩子，父母应该避免让他们过多接触强势的成人。能够对孩子有帮助的成人，一定懂得给孩子留出充分的时间，慢慢获得孩子的信任，从而自然发展出与孩子之间的良好关系，最终把孩子带出自我封闭的角落。懂孩子的成人绝不会羞辱孩子，也不会强求孩子做力所不及的事情。

的确，孩子需要学会“对人说谢谢”，也需要学会“说话时看着别人的眼睛”，但是我们必须注意，这些要求和压力不能超出孩子的承受范围。在轻推孩子向前的同时，我们也必须明白，这些社交礼仪对他来说真的不容易做到。事实上，假如我们以轻松的、开心的态度对孩子提出这些要求，那么成功的可能性会更大。我经常同容易退缩的孩子玩“嗨！你好”的游戏：一有机会我就说“嗨！你好”，直到他回应我为止。这个游戏的关键是，就算我已经说了一百次“嗨！你好”，但是每次说的时候，我都像第一次那样带着温暖的微笑，而不会越来越不耐烦。

· 关于社交信心与社交技能

大多数社交焦虑的孩子都缺少足够的社交练习，因此缺乏社交的信心与技巧。有些孩子（如自闭症患者）可能是由于脑神经系统的原因而躲避目光交流和情感互动。有些孩子攻击性过强（大多因为曾经目睹或遭遇过暴力，或受过其他重大伤害），因此失去了与他人交往的机会。不管原因是什么，缺乏社交技巧与社交信心的孩子都需要更多的帮助。

米歇尔·博尔巴将建立社交信心的过程，分解为可以通过练习而提高的具体技巧，如微笑，目光接触，说话时自信而响亮，自我介绍，交谈时轮流发言，友好的肢体语言等。还有一些核心技能包括：猜测他人的感受，清楚坦诚地表达自己的感受，赞美他人，等等。

和年龄稍小的孩子练习这些社交技巧时，我经常使用手偶或者毛绒玩具，这会让孩子觉得轻松好玩。选择一个动物，赋予它一种性格，超级友好或超级害羞等什么都行，只要能让孩子笑个够。把所有毛绒玩具排成一队，让孩子站在“队伍”前发号施令，这样可以锻炼他在公众面前说话的技巧。玩的时候请记住，你的目的是引发笑声，而不是测验他，也不是给他上课。游戏的目的是通过笑声来减轻他的社交压力。

这个游戏还有一种玩法：因为孩子很喜欢当专家，那就让玩具当一个彻头彻尾的“社交笨蛋”。比如，你拿着小熊问：“跟别人说话的时候，我的眼睛该看着地板还是天花板？”孩子会说：“看着跟你说话的那个人！”小熊假装惊喜万分：“这个主意真是太棒了！”再如，蜘蛛侠不懂得怎么交朋友，也不喜欢出去玩，孩子就会兴致盎然地教蜘蛛侠各种社交技巧。当然，有时可能需要告诉孩子一些基本常识，比如“我觉得你敲他头的时候，他好像不太高兴”。但是，不要进行严肃的说教。比起受到责备、说教或批评的时候，孩子在欢笑的时候学到的会更多。

大一点儿的孩子可能不再喜欢用毛绒玩具，那么你可以和他玩角色扮演的游戏。问清孩子想让你扮演的角色，然后夸张地表演出来，让他大笑。

非常重要的是，不管和几岁的孩子玩，一定要在游戏里加入拥抱、抚慰等情感关怀的情节，因为孩子平时由于缺乏社交技巧和信心，已经积累了很多羞愧感。

有的孩子尽管大部分时候独自一人，但是他们并没有社交焦虑感。这样的孩子喜欢独来独往，比其他孩子的社会需求要少。但是，有社交焦虑的孩子可能会假装自己不需要任何朋友，虽然他们非常需要。你或许会想，等他觉得孤独了，自然就会有动力去结交朋友，但其实没那么简单。他甚至有可能会在父母面前隐藏自己内心的孤独，因为他害怕父母逼他去面对社会、面对人群。如果你不确定自己的孩子究竟是喜欢独处还是害怕社交，那就试着让他描述一个“理想的周末”，看看他描述的内容里面有多少人际交往的元素。另外，当孩子说感到无聊的时候，常常意味着他感到了孤独（也可能意味着，他除了看电视和玩电脑之外，不知道该去哪里寻找乐趣）。

当然，我们要记住，不要把自己的童年回忆和孩子的经历混为一谈。一位妈妈告诉我，多年来她一直希望女儿阿西莉能够结交更多的朋友，但后来她终于意识到：阿西莉独自一人的时候，其实也一直很快乐。妈妈受不了一个人待着，可是女儿却早已满足了自己的社交需求。这让我想起我的母亲过去总是说："你去把外套穿上，我冷了。"

· 关于害怕被拒绝或被嘲笑

社交焦虑的孩子对拒绝、排斥和羞辱非常敏感。他总觉得每个人都在注视着他，就好像他最难堪的秘密刻在自己的额头上似的。角色置换游戏可以减轻这种恐惧：找一个毛绒玩具，你来给它配音，假装谁都看不起它，孩子就可以尽情地拒绝它、嘲笑它。

这个游戏表面上似乎是在鼓励孩子欺负别人，看起来很残忍，其实不然。它能够释放孩子在真实生活中所遭受的压力，会让孩子在实际生活中更坚强、更善良。不要对孩子进行说教："这样太不友好了，如果别人这样对待你，你会不会难过呀！"游戏的全部意义就在于，让孩子在想象的世界中置换角色，从而克服他在真实世界里的恐惧。我们要做的，是平静地去倾听孩子在游戏中恶言恶语的嘲讽，因为那是他平时在真实生活中所感受到的羞辱。另外，这类游戏能让孩子的脸皮更厚一点儿。社交焦虑的孩子往往脸皮很薄，以至于经常把别人善意的玩笑当真。

如果孩子极度害怕自己出洋相，那么父母可以分享自己小时候出过的洋相。这样做的目的不是为了教育孩子"要克服害怕的心理"，而是为了让他知道谁都有过类似的经历和类似的心情。而且，你们还会一起就过去的洋相哈哈大笑一场。

床下的怪物

为什么孩子不害怕现实中的危险，反而会害怕诸如“床下的怪物”或“恐龙”这类想象中的东西，以及那些根本没什么可怕的事情，比如冲马桶？某种程度上，这些念头和想象在孩子脑子里所引起的害怕反应，与面对真实危险时产生的恐惧一模一样，特别是当这些想象的画面栩栩如生时。而我们又知道，焦虑的孩子尤其擅长在脑海中勾勒出生动、逼真的画面。此外，如果感觉器官接收到超负荷的信息（比如电影里坏人出现时伴随的刺耳恐怖的音乐），也会让孩子脑海中的画面更加生动。

我们一定要重视这种害怕的情绪，要把它当作真实的恐惧来处理，并认真地安慰孩子，因为它对孩子来说，就是真实并且重要的感受。

孩子产生这类“莫名恐惧”的另一个原因，是他无法用言语表达出内心深处的恐惧。他可能害怕孤独或死亡，但他不知道怎么告诉你。他可能并不知道自己内心恐惧的根源，因此就选择了一些听起来很吓人的东西，比如床下的怪物。孩子并不是在耍手段，床下的怪物确实让他感到害怕。他只是没有察觉到自己的恐惧还有更深层的原因。

玛格丽特是我的一位朋友，她的儿子害怕衣柜里有怪物。据玛格丽特回忆，儿子在说到怪物之前的那几个星期，一直在说他害怕晚上自己一个人睡觉。当时玛格丽特只是对儿子说“不会有事的，你必须马上回自己床上去睡觉”。就这样，孩子觉得妈妈不重视他的感受，于是决定换一种说法：怪物——他认为这下就能引起妈妈的关注了。玛格丽特说：“我姐姐认为，孩子只是想找个依赖的借口。而我认为，既然他如此费尽心思，那肯定是非常非常需要我陪伴在他身边。”

童年时期一些“幼稚傻气”的担心，其实具有象征意义，这对于成人理解孩子十分重要。例如，对于上厕所后冲马桶感到焦虑，是年幼的孩子较为常见的反应。他在试图理解自己的存在性：我的便便是我的一部分吗？它不见了，我还完整吗？或者有这样的担心：要是我把头发剪掉了，要是当我换了一身衣服，要是我戴上一副面具，我还是那个我吗？我们的任务，就是敏锐地捕捉到孩子表面情绪背后的真实原因，哪怕表面的担心是多么的幼稚可笑或不可理喻。

《罗杰斯先生的邻居》是美国著名的儿童电视节目，节目主持人弗雷德·罗杰斯就具有这种敏锐的观察力。他写了一首歌，是关于害怕厕所水管堵塞的情绪。歌中唱道："你怎么也冲不下去，怎么也冲下不去，怎么也冲不到下水道里去。"对此，《时代》杂志著名评论员詹姆斯·波尼沃茨在网上称赞道："当我们描述童年的时候，我们认为它一定是天真无邪、无忧无虑的，其实我们错了。弗雷德·罗杰斯知道真正的童年是什么样的——那是热情、痛苦和恐惧搅拌在一起的时光。在节目中，当他听见可怕的新闻报道的时候，他戴着手偶帮助自己平静下来，这些专业的表演真实地还原了一个生活在宾夕法尼亚州的小男孩的经历。"

有时候，"傻乎乎"的担心其实一点儿也不傻，只是我们不知道故事的全部。一个名叫安东尼的小男孩一听到《芝麻街》的主题曲就神色惊恐。因为年纪太小，他无法解释清楚自己为什么害怕。假如你只了解到这些，你是否会告诉安东尼"这首歌多欢快呀，没必要害怕"？

让我们再把这个故事讲一遍，这次加上更多的细节。安东尼的妈妈来信告诉我，在安东尼两岁的时候，他第一次看了《芝麻街》。她写道："我听见安东尼发出奇怪的喊叫声，我跑过去一看，他站在房间里，瞪着电视，脸上一副惊恐的表情。电视上，一个长着眼睛和嘴的石头怪物，正在追赶两个其他的动画人物。我立刻把他抱起来，他全身都在发抖。我从来没见过他如此害怕，他哭了好一阵子才平静下来。这件事就这么过去了，似乎也没有给他带来什么困扰。可是几个月以后，有一天我们吃早餐时，另一个房间里传出《芝麻街》的主题曲。安东尼听到后，吓坏了，想要我抱他。此时此刻，我才意识到那部动画片给他带来了心理伤害，而且已经好几个月了。我开始用游戏来帮助他修复心理创伤。有一天，我用橡皮泥捏了一个长得像石头的球，从他的房间里找来一个娃娃，玩‘石头怪追娃娃’的游戏。安东尼很快拿起娃娃打碎了石头怪。我们玩啊玩啊，直到他心满意足，不想再玩了。后来，他对石头怪连同那首主题曲的恐惧就消失了。”

当你不理解孩子为什么会那么害怕一首欢乐的歌曲时，把这个故事的两个版本比较一下，你会发现“了解全部”和“只看到局部”的差别有多大。但是，并不是什么事情都能让我们了解到它的来龙去脉。因此，当我们不知道孩子为什么紧张的时候，我们最好先做出这样的假设：这其中一定有他的道理。

表面上“幼稚可笑”“不可理喻”的担心背后，都可能藏着哪些更深的恐惧呢？根据我的知识和经验：年龄小一点儿的孩子最害怕的可能是分离、危险或者独自待在黑暗里；对于年龄较大的孩子来说，他们的恐惧可能与学校、朋友或者受欺负有关。任何年龄的孩子都有可能会因为家庭问题（如父母吵架、疾病或对贫穷的担心）而产生长期焦虑，并把这种焦虑转化为更加具体（如对“怪兽”或“绑架”）的恐惧。一个男孩在我这里接受治疗，他对我说，只要母亲和继父稍微发生一点点争论，他就会感到非常紧张。他已经遭遇过父母婚姻的破裂，不想再经历一次了。结果，只要听见家里人说话的声音稍微提高一点儿，他就会抓起所有的“武器”，穿上所有衣服当“盔甲”，跑到大人的房间里“保护他们不受坏人的攻击”。

有的家庭用“念咒语”“喷辣椒水”等游戏来赶跑床下的怪物，有的用其他游戏帮助孩子克服类似的恐惧。不管用什么方法，只要孩子清楚地明白你是在玩游戏，就会有效果。如果孩子以为你真的相信怪物的存在，反而会加剧他的恐惧。你可以通过表情、语气和肢体语言向孩子示意，你只是在玩一场“赶走想象中的怪物”的游戏。你也可以把自己打扮得滑稽十足，以此来增添游戏的趣味性。

“打闹游戏”，不仅可以缓解其他类型的焦虑，同样也可以帮助孩子克服这类恐惧。十分钟的“掰手腕”或者“枕头大战”不仅能让孩子信心倍增，还能让你们重新建立紧密的亲子联结。这些都是孩子克服恐惧所必需的力量源泉。

诸如“床下的怪物”这类想象的担心，常常发生在临睡前。孩子可能想通过这种方式来表达两类恐惧：“上床的恐惧”或者“睡觉的恐惧”。这两件事听起来差不多，但是却有所不同。害怕上床通常是缘于分离焦虑，意味着不愿被独自留在黑暗里或者被忽视。而害怕睡觉则与噩梦、可怕记忆或坏心情有关（或者关系到“存在感”，本章稍后将会详谈）。

如果孩子是因为害怕做噩梦而抵触睡觉，那么早上起来的时候你们可以谈论彼此的梦境。大一些的孩子或许更愿意在床边藏一本自己写的“梦的日记”。另外，在晚上临睡前，你也可以跟孩子一起“想想今晚会做个什么好梦”。

如果孩子夜里因为噩梦而惊醒，那么首先要接纳他的感受（“我很能理解你为什么这么害怕”），然后帮助他意识到梦境与现实的区别（“刚才你做梦了”）。我常常请孩子画出噩梦里最吓人的场景给我看，当我看到时，我会“被吓得魂飞魄散”。当然，你还可以请孩子编一个“噩梦续集”，给噩梦加上一个欢乐大结局。

生活中的危险

有个朋友给我讲了一件小事：她两岁的女儿莉比被外面的汽车警报声吓了一跳，她跑向窗边一边往外看一边问："怎么了，妈妈？没事吧？"妈妈告诉她没什么事，只是汽车警报声太响了。于是莉比抓起她的毛绒河马并对它说："没事，小河马。"

莉比从妈妈那里得知并没有真正的危险，那只是个"错误的警报"，并把"解除警报"的信号传递给毛绒河马。显然，莉比不是一个过度紧张的孩子。她能够接受妈妈三言两语的劝慰，并通过与玩具分享劝慰，来增强自己的安全感。然而，假如换作一个容易紧张的孩子，那么在别人的劝慰之后，她很可能依然害怕，依然担心生活中各种潜在的危险。她或许也会抓起毛绒玩具，但多半是恐慌的本能反应，因此也无法产生内在的安全感。

客观上，我们不可能时刻保护孩子免遭任何伤害，这对父母来说可能是天底下最难接受的事实。我们不得不痛苦地承认，欺负、绑架、疾病和意外事故，都是真实存在的危险。

那么对于容易紧张的孩子，我们怎样才能既教会他保护自己，又不给他造成过度的恐惧呢？

首先，也是最重要的，就是我们必须承认和面对自己的恐惧。如果我们自己处在焦虑之中，当然也就无法安慰孩子。

佩吉·佛兰德尔·韦斯特是儿童安全教育专家，她在研究项目"自我保护行为"中，并不提倡以"陌生人很危险"这样的简单方式来吓唬孩子远离危险。针对经常因生活中的危险而焦虑的孩子，韦斯特提出了 3 条原则性建议。许多成人对这些建议也深感受益。

韦斯特的第一个建议是“抓住直觉”，特别是关于什么时候危险、什么时候安全的直觉。还有一个直觉十分关键，那就是要能区分“感觉好”和“感觉对”的不同。在保护孩子免受性侵犯的方面，这一点尤其重要：身体触摸、保守重要秘密、从陌生人手里得到糖果，在这些事情上孩子可能会“感觉好”，但是也会“感觉不对”。孩子必须有能力捕捉到内心深处的本能危险意识和安全意识，这样才会依靠本能直觉来避免伤害。

不过，我也曾遇到这样一件事，可以作为反面教材。我在一家电影院排队上卫生间，当时等待的人很多，一直排到了门外，因此门半开着。在外面，一位神色紧张的母亲冲着里面正在排队的儿子大喊：“不要让任何人碰你！”紧张的情绪像波浪一样传遍了整个队伍——她的意思是我们每个人都有可能会侵犯儿童啊！可以想象，当时那个男孩一定害怕到了极点。就算他的直觉告诉他其实没有危险，这份直觉也早已被妈妈的警报声淹没了。

韦斯特的第二个建议是“有意试险”，这与我提倡的“做一些刺激、好玩、有惊无险的事情”是一个道理。

她的第三个建议是“再糟糕的事情也可以告诉别人”。她鼓励孩子坚持寻找愿意倾听自己的人，而且一定能找到。

因生活中的危险而焦虑的孩子，如果掌握了应对危险的方法（包括怎样寻求帮助），通常都会感到释然。

我们既要向孩子提供真实的信息，也要保护孩子远离他暂时无法承受的事物。有一个现象经常困扰父母：孩子因为看了恐怖片或暴力片而做噩梦，可是他们反过头又央求父母要再看一遍。这里的原因可能是：最初，孩子以为看这些电影就意味着他们长大了；做噩梦以后，他想通过反复看这些画面让自己慢慢适应（就像本能地进行“脱敏治疗”）。然而问题是，这些镜头太过恐怖，结果越看越在脑海里挥之不去。

有一个方法在某些时候能够产生帮助：和孩子一起在家里（而不是电影院）看一部“一般恐怖”的电影，你可以随时暂停，抱抱孩子，谈论那些可怕的片段，一起夸张地惊叫，或者滑稽地重演一些场景。这样可以减少紧张感的积累，使其不至于发展到孩子无法承受的程度。

我们可以避免孩子看到过于恐怖和暴力的影视节目，但是我们不可能让孩子回避一切现实。有一年在华盛顿，两名枪手连续几天随机射杀路人。两名凶手被捕后，我刚好到华盛顿。一位 5 岁孩子的母亲告诉我：

“我肯定女儿之前完全不知道这件事。我们不让她看到任何新闻报道，也绝不在她面前谈论这件事。和许多人一样，我们在公共场所，比如从停车场到商店，会低下头一路小跑。我告诉女儿，我们在玩游戏，她也从来不问我们为什么玩这个游戏，而且也从来没表现出一丝的害怕。但是，当我得知凶手被抓住，激动地把这个好消息大声告诉丈夫时，我女儿问：‘也就是说，我们不用再玩那个游戏了？’当时我很难过地意识到，其实她知道这个危险，而且她觉得没法跟我交流，因为我试图把这个危险当作秘密隐瞒起来。”

孩子能够察觉出环境中的不安，此时他需要知道真相，让不安的感觉得到解释，才能避免把不安积压在内心。总而言之，假如你正在担心一件事情，那么你的孩子很可能已经感觉到了你的担心。因此这时，你最好直接向他说明原委。

但是，我们也不必在每件事上都未雨绸缪，因为那样会制造不必要的恐慌。许多儿童绘本会谈论关于害怕的主题，比如看牙。对于害怕看牙的孩子，这些书会很有帮助。可是我也见过有些孩子，他们本来没有觉得看牙是一件可怕的事情，只是在读了这些书以后，反而开始害怕看牙了。

对生活中的危险感到焦虑的孩子经常会处在高度戒备的状态中。时时处处的紧张感不仅会干扰他的日常生活，甚至还会影响他的睡眠。当你告诉他要放松的时候，他会生气，因为焦虑的逻辑思维告诉他：放松警惕是危险的。设想一下，假如你对站在总统身边的保镖说“嘿，朋友，你看起来太紧张了，为什么不放松点儿”，那么你会得到什么回答？

真正有效的解决办法，是从孩子手中接过警戒任务，让他知道你会很认真地守护他，这样他就可以从中解脱出来。这听起来可能有点奇怪，但是我在我的小狗亨特身上印证了答案。每一次有人走近我家门口，亨特就会叫个不停。对它说“闭嘴”一点儿用也没有。后来我看见一篇文章说，小狗叫是在向主人发出警告，是一种守护主人的行为，因此向小狗“道谢”，可能会有帮助。于是，下一次亨特再叫的时候，我就试着对它说“谢谢”，它居然马上就不叫了。我敢肯定，它压根儿就听不懂我说的是什么，但是它肯定明白了我对它忠于职守的感激之情，因此也相信了我会认真料理一切。后来，亨特不仅不叫了，当我感谢它并表示我会去门口查看一下时，它还显得非常开心。

孩子在担心危险的时候，会同父母没完没了地讨论：“这件事有可能发生的，对吗？发生的可能性到底有多大？　”这些讨论不仅让父母感到精疲力竭，而且几乎不可能有效地安慰孩子的焦虑。这种时候，“枕头大战”的游戏则可能有效得多。是的，这确实令人相当惊讶。枕头大战能够让孩子获得主动权、安全感和亲子联结，这些元素都是无法从言语的安慰中获得的。晚上睡觉前 10 分钟的枕头大战（或者其他有趣的打闹游戏）能够带来柳暗花明的变化。究其原因，或许是这类游戏能够传达一个逻辑：既然爸爸妈妈和我玩得这么开心，那么周围的一切肯定是安全的。又或许是这类游戏可以把内心中由于忧愁而积满的能量转化为行动，从而让紧张感得到释放。

因为需要爱与安全，孩子对于父母之间的紧张关系十分敏感。有一次，当一个 10 岁的小女孩告诉她的朋友们“我的爸爸妈妈快要离婚了”时，所有的小伙伴都说：“天哪，这是我最怕的噩梦！”夫妻需要共同经营彼此之间的感情、巩固相互的关系，这是孩子赖以成长的根基。即便是分居或者离婚的父母，也必须为孩子提供坚实的根基。因此在孩子面前，不要说另一半的坏话，也不要经常争吵，因为那会给孩子造成巨大的伤害。

当发生重大灾难（如校园枪击案、自然灾害、恐怖袭击等），各大新闻不停地播报各种消息时，所有的孩子（以及成人）都会惴惴不安。在这种非常时期，容易紧张的孩子尤其会产生忧虑、做噩梦、感到不安全。对此，父母会焦急地想知道：“我应该跟孩子说什么？”而我的建议是：少说、多听。问问孩子他了解到了什么，回答他提出的任何问题。你的回答应当诚实而简洁。尽可能提供有关人性善良的信息，例如救援、援助和慰问。此外，心理医生奥瑞恩·瓦格纳还建议父母：“引导年龄较大并乐于助人的孩子实施关怀和同情受害者的行动，如捐赠衣物或玩具，捐款，写信，参加祈祷仪式，慰问受害者，等等。这些行为可以减轻孩子的无助感。”

最重要的是：关掉电视。画面的视觉冲击会大幅减弱你与孩子的谈话效果，激起更多的焦虑，年龄小一些的孩子甚至会以为每一次重播都是一场新的灾难。假如恐怖画面已经进入孩子的脑海，那么可以通过我们讨论过的技巧帮助他。我特别推荐第 4 章中的一些游戏，如“遥控器”和“放映员”。你还可以建议孩子把那些画面画出来或者表演出来，比如画到纸上的一个迷你电视屏幕上。

前文中提到，想象中的可怕事物（如怪物）可能掩藏着更深的恐惧。同样，孩子对于真实危险的担心也可能源自某种深层焦虑。我们可以设想一下这种情况：孩子总感到有一种说不清、道不明的隐隐担心，这种模糊但又确实在心中游荡的紧张感让孩子十分困惑，于是他四下寻找，想要找到一个更加合理的解释，结果他找到了“火灾”，然后就把先前隐隐的担心同火灾锁定在一起。害怕火灾能够让父母觉得合情合理，因此他们也就不再进一步去追究那个更加隐秘而模糊的深层恐惧了。假如孩子长时间担心生活中的某个危险，或者一会儿担心这个、一会儿害怕那个，那么父母就应该仔细想想，也许在这种表象之下掩藏着其他的焦虑。

创伤性恐惧

从心理创伤的定义而言，造成心理创伤的事件是非常可怕的，往往会导致持续的恐惧和焦虑。然而，孩子强大的生命力能够让他们从心理创伤中恢复。而且，我们也能够向他们提供有效的帮助。

伊莎贝尔是一名澳大利亚女孩，在她 5 岁的时候经历了一起事件，给她造成了心理创伤。从伊莎贝尔的经历中，我们可以看到从创伤性恐惧中成功恢复的几个关键要素。

伊莎贝尔很喜欢上舞蹈课。舞蹈老师要求上课时家长必须在教室外面等候，对此伊莎贝尔并没有任何不情愿，但是她要求妈妈玛塔坐在门外等着，不能走开。不过，玛塔会时常瞒着伊莎贝尔溜出去办点事情。尽管事后她很后悔，埋怨自己没有遵守和伊莎贝尔的约定，但是我们都能理解：家里要是有个容易紧张的孩子，大人只好偷偷地去干自己的事情，宁可冒着损害信任的危险，也不愿让孩子陷入过度紧张的情绪之中。

有一天，玛塔又悄悄溜出去办事。回来的路上，她意识到可能来不及准时接伊莎贝尔了，于是她给女儿买了一根棒棒糖作为补偿。结果，她当然迟到了一小会儿。尽管只是一小会儿，但是在那段短暂的等待时间里，伊莎贝尔却认为她妈妈再也不会来了。据伊莎贝尔后来描述，在那一刻她以为妈妈死了，再也不会来接她了，她将不得不被送到别人家去寄养。这是个十分典型的例子，充分展示出焦虑的想法和感受来得有多快，并且杀伤力有多大。

虽然这种情绪只持续了一小会儿，但这件事却给伊莎贝尔造成了巨大的影响。在那之后，只要和妈妈分开，她就会非常害怕。焦虑的蔓延甚至让她无法入睡，社交方面也出现了障碍。她满脑子都是与死亡相关的念头，特别是害怕失去妈妈。对于妈妈说谎的行为，她感到十分愤怒。在事情发生的一年之后，她有一次还质问妈妈："你以为给我一根棒棒糖，就没事了吗！"

大约经过了两年，伊莎贝尔才逐渐恢复到正常的状态。有一天，她和妈妈又聊起这件事情："妈妈，我想起那次你没有准时接我下舞蹈课的事情了。我觉得，老师其实可以想办法给你打个电话，或者也可以告诉我，你肯定会来接我回家的。还有，妈妈，你给我买棒棒糖是对的，因为你想告诉我，你知道我会难过，你是关心我的。"

这就是安全感的内化。它姗姗来迟，但终究还是来了。

我问玛塔是怎样帮助伊莎贝尔走出心理阴影的，玛塔不假思索地回答："倾听，倾听，再倾听。我一遍又一遍地听她述说对那件事情的感受。我不给自己找任何借口，不解释，不辩护。只是倾听，回应，理解，道歉，让她知道我重视她的感受。"

玛塔夫妇还全力满足伊莎贝尔对于安全感的需求。睡觉前他们会和她躺在一起，她想要多久就躺多久。白天的时候，由于伊莎贝尔每过几分钟就会紧张地看看妈妈在不在，因此玛塔会主动告诉女儿她就在身边，这样就避免了焦虑的过多积累。玛塔还意识到舞蹈班的压力太大，不再适合伊莎贝尔当时的情况了（每个星期上舞蹈课之前，伊莎贝尔都会感到惊慌与害怕），于是决定让女儿退出舞蹈班。

有些父母执着地认为不能让孩子退出，或者不能让孩子在恐惧面前让步。勇敢与坚持的确是非常重要的品质，但如果孩子被惊恐淹没，那么这些品质也就失去了生长的土壤。这种情况下最好先缓一缓，让孩子调整情绪、重建信心，直到时机成熟之后再去尝试建立更高级的品质。

伊莎贝尔一家信仰宗教，他们会把祷告作为一种增加力量和安全感的方式。玛塔还意识到，自己偷偷出去办事的行为破坏了女儿的信任，因此在祷告中承诺自己将诚实守信。玛塔说："面对女儿的时候，我不保证坏事情永远不会发生，不保证我会一直陪着她，也不保证我永远不会死（当然我希望它不要太早发生）。在她的理解范围之内，我尽量做到坦白诚实。虽然有时我会担心她难以接受，但是后来的结果证明，说真话是值得的。"

两年后，玛塔问伊莎贝尔："是什么帮助你变得越来越勇敢、越来越自信的？"伊莎贝尔列出以下几点：不用去上舞蹈课了；告诉自己"妈妈就在这里""妈妈一会儿就会回来"；祷告；玩捉迷藏的游戏；与奶奶和姑姑（父母以外可以信任的人）在一起的时光。

根据伊莎贝尔的故事，我们可以总结出帮助孩子治愈心理创伤的原则和技巧：

- 共情与理解（即便在你看来事情不至于那么严重）。
- 倾听（遭受心理创伤的孩子可能需要一次又一次地向你倾诉，把事情画出来或者表演出来）。
- 充分满足安全感的需求，包括：睡前或睡觉时更多的肢体接触，夜里留一盏夜灯，提供小毯子一类的安慰物，等等。
- 祈祷与其他精神层面的仪式。
- 自我暗示。
- 尊重孩子的能力限度，不要强迫。
- 一起游戏（如捉迷藏），也不妨尝试"重新上演"当初造成创伤的事件，只不过现在把它改编成结局快乐的故事。

- 与值得信任的成人相处。
- 耐心——心理创伤的恢复是没有截止日期的。
- 大人要处理好自己对于这件事的情绪和反应。在玛塔的案例里，她察觉到自己的愧疚。在孩子遭遇心理创伤的时候，有些父母还会感到恐惧、悲伤或愤怒。
- 做到坦诚守信，积极重建孩子对你的信任。

彼得·勒文是一位心理医生和心理创伤专家。我在第5章曾介绍过，他在治疗心理创伤时所运用的技巧，很多都包含着一个目的：完成当初没有做完的动作。人在感到害怕时，除了“逃跑”或“对抗”这两种我们熟知的基本反应之外，还有一种本能反应，那就是“不动”（俗话说的“吓呆了”）。专业上称之为“冻结反应”，是人在遭遇重大意外并感到极度恐惧时的一种反应。而“不动”的本能，会阻断其他本能动作（如逃跑或自我保护）的完成。有一次，勒文被一辆汽车撞飞，当他躺在马路上的时候，他发觉自己正在下意识地抬起胳膊要去保护头部，这个动作是在刚才事故发生的那一瞬间，他由于吓呆了而没有做完的。在帮助别人治疗心理创伤的时候，勒文让患者通过跑步来完成当初的逃跑动作，或者击打枕头来完成当初的反抗动作。我也会鼓励孩子大叫“救命！”或者大声喊“不！”，这样可以把因为惊吓而哽塞在嗓子里的话大声说出来。

遭受意外的时候，感受也有可能像动作那样被突然阻断。孩子如果吓呆了，有可能就不表达任何感受了。为了帮孩子完成情绪的完整表达，大人一定要耐心倾听孩子诉说整个故事，在孩子哭泣或者颤抖的时候拥抱他，帮助他释放情绪。如果孩子年纪太小，无法用语言说清楚，那么我们可以帮他把故事说出来。当事情不太严重的时候，当然可以给孩子一根棒棒糖或者小玩具，以此认可他的勇气、安慰他的心情。但是，如果事情相当严重，那就不要用糖果或礼物来转移他的注意力了，因为孩子此时需要的，是直接面对自己的感受。正如伊莎贝尔对妈妈说的那句话，补充完整就是：你真的以为一根棒棒糖，就能平复我以为“妈妈死了，再也不回来了”的悲伤吗？

当心理创伤十分严重的时候，如亲人去世或孩子被抛弃，以上的策略依然有效，只是需要更久的时间和大人更多的耐心。但是无论如何，不要忘记游戏和笑声的力量，更不要忘记爱与关怀的力量。

刻板

焦虑会让孩子的思维和行为失去灵活性。焦虑所导致的刻板表现包括：

- 完美主义。
- 不愿尝试新事物。
- 犹豫不决。
- 做事拖拉。
- 恪守一成不变的生活规律，无法忍受任何变化。

这些行为会让父母深感挫败。事实上，刻板对于孩子来说也没有任何乐趣。它让人沮丧甚至痛苦，并影响孩子的正常生活。本质上，刻板是一种自我保护：我必须每件事情都做得很完美，我必须躲在自己的安乐窝里，我不能做出任何错误的决定，我不能去想任何有压力的事情，我必须一成不变地度过每一天，我必须远离任何潜在的危险——这样我才会感到安全。

这样的孩子在表面上可能完全看不出焦虑，直到他的刻板遭到挑战。遇到挑战的那一刻，“自我保护”失效了，因此孩子瞬间会被恐惧或愤怒的洪水所淹没。这就是为什么很多焦虑的孩子一听见父母说“你的作业已经写得很好了，赶紧睡觉吧”“你一定要试试”“我们必须改变一下计划”，他们就会马上崩溃。

针对任何形式的童年焦虑，我们都必须遵守一条共同的“平衡原则”：在轻推孩子做出改变的同时，一定要认可和接纳他的现状。刻板的孩子需要更多的认可和接纳。有些孩子的天性就是这样，他们就是没办法“加油、再加油”，也不可能做到“不在意”。强迫，无法令他们变得灵活，相反只会让他们变得更加刻板。

除了持续的共情和接纳之外，父母还能做些什么来帮助孩子增加灵活性呢？答案是：尽可能让一切“松开”。和孩子一起唱歌跳舞，在地上滚作一团，怪声怪气地说话或者模仿动物叫，打扮得滑稽搞笑，枕头大战，晚饭吃花生酱抹面包（因为玩疯了而忘了做正式的晚餐）。

每当有些父母向我询问如何应对孩子的刻板表现时，我的建议往往是亲子打闹游戏。有一次，我建议一位妈妈不要坐在沙发上，而去坐到地上跟她儿子一起玩“脱袜子”游戏（每个人都想办法去脱掉别人的袜子，同时尽量不要被别人脱掉自己的袜子）。这位妈妈一脸迷茫地说：“你让我坐到地上？我听不懂你的意思。”于是我明白了，她的儿子不是家里唯一一个有刻板问题的人。那好吧，我知道这样做不容易。但是，如果父母勇于挑战自己的刻板，那么一家人都会从中受益匪浅。

刻板的孩子很容易陷入恐慌、愤怒、悲伤或极度沮丧等情绪之中。此时，孩子的感受是痛苦的，而父母看在眼里也会万分焦急。这时假如在1到10的测量计上标注孩子的情绪程度，那就是11。为了让一个刻板的孩子免遭情绪之苦，我们拼命地东奔西跑，不惜打乱自己的计划，甚至置家里其他孩子于不顾，并放弃个人生活中的一切，结果很快我们就精疲力竭、烦躁不堪。然而更为悲哀的是，最后还是有一件事情让孩子情绪崩溃了，到头来他陷入了更深的刻板之中。

针对刻板，有效的解决方法还是：轻推孩子，让他感到不安、不舒服，但是又不至于崩溃。这与“临界点”的原理相同。当然，谁也不可能始终把分寸拿捏得恰到好处。不要紧，重要的是用爱的支持帮孩子顶住适当的压力。

假如你有一个刻板的孩子，你肯定知道，这样的孩子能跟父母没完没了地争论好几个小时。可惜所有的争论只会加重彼此的挫败感，让每个人都更加焦虑。你每抛出一个合理的理由，他就会还给你两个荒唐的解释。这样下去有什么用呢？你很难用对话来摆脱这种纠缠，非语言的交流方式往往会更有效：搂抱，一起跑步，枕头大战，被他“气得”一屁股坐在地上。

“故意犯错误”，是我最喜欢和小完美主义者们一起玩的游戏。我对他们说：“让我们每个人都犯三个错误。我先来！”一开始，他们总是以为我在开玩笑，而且觉得这个玩笑一点儿都不好笑。我告诉他们，我是认真的，大的小的错误都可以。我会说“二加二等于五”或者故意拼错我自己的名字。我的目的是让他们嘲笑我的错误，由此对他们自己的错误释怀。当他们开始愿意玩这个游戏后，他们的完美主义倾向就会有所减轻。

谈及孩子的完美主义时，大多数父母总是坚持说自己“没有给孩子施加压力”。让我们现实一些吧：谁不给孩子压力呢？不管是有意还是无意，我们都会给孩子施加压力。压力经常是无形的，而容易紧张的孩子对此却尤其敏感：你是怎样表扬孩子的？你向朋友夸耀过什么？你自己对犯错误的反应是什么？你在孩子眼里，是不是一个凡事都要做得超级棒的人？最后一个问题：在你小的时候，你感到的那些无形的压力是什么？

近年的研究经常用“倒U型曲线”来表明压力程度与表现好坏的关系：

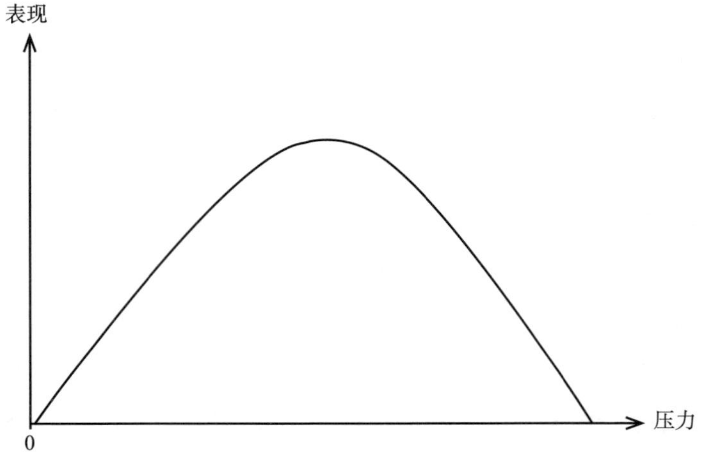

横轴代表压力，最左边的0点表示“几乎没有压力”，此时人的行为表现也极为懒散，会觉得“没必要”或“无所谓”。随着压力的增加，紧张程度越来越高，行为表现也越来越好。压力到达一个合适的中间点（适中点）时，表现达到最佳。假如压力持续增加，突破了适中的平衡，表现也随之变差。就算是能力再强的人，在极度紧张的状态下，也会出现呆板、迟钝或注意力涣散等表现。

贝茜上了最初几节吉他课以后，对自己学会的技巧十分得意。但是，当她向妈妈展示的时候，弹得却很糟糕。她在上课时对表演的期待是适中的紧张情绪，这使她弹得非常好。可是贝茜有一位高标准、严要求的妈妈，当她想象到妈妈的批评或失望的时候，她的紧张值就升到了顶点。这使她的演奏表现一落千丈而跌到了曲线的最低点。

从这条曲线的意义中受益最大的，是那些给自己施加过多压力的孩子——现在他们可以有一个很好的理由给自己减压了。在不知道这条曲线以前，贝茜对我说“放松就是在浪费时间”，会妨碍她的练习和进步。但是现在她明白了，只有在压力适中的情况下，她才能发挥出最佳水平，那么对她来说就意味着要降低对自己的要求。相反，对于压力值总是接近 0 的有些人来说，紧张起来才能发挥出水平。对于这类人的状态，贝茜表示很难想象。

犹豫不决，是焦虑性刻板的又一个典型表现：孩子由于害怕做出错误的决定，或者担心错失良机，因此就像“呆住了”一样什么决定也做不出来。

北卡罗来纳州的一位妈妈在信里介绍了她的经验：“我的孩子们在做选择时经常会大脑停转。这种时候，‘菜单’游戏常常能帮助我们渡过难关，就是把可能的选项都写在纸上（对于不识字的小孩子，可以画出来）。看着‘菜单’时，孩子们似乎更容易做出决定，尤其是在压力比较大的时候，比如疲劳或饥饿的时候。”这位妈妈还有一个妙招用来帮助孩子选择穿什么衣服。例如，如果女儿不知道该穿紧身裤还是短袜，那么她就把紧身裤和短袜分别套在两只手上，让它们轮流央求小姑娘：“今天穿我吧！”结果，女儿在咯咯的笑声中很快就能做出决定。

如今，很多父母都认同应该让孩子自己做选择，而不是替孩子选择。但是对于犹豫不决的孩子来说，做选择时需要少一些选项，这样他们的焦虑也能少一些。

有些孩子会把各个选项的利弊列在纸上，以此帮助自己做出决定，因此对他们也是一个很有用的办法。但是，有些孩子却卡在了权衡利弊的环节，没完没了地罗列各种理由，以至于徘徊不前，无法做出最终的决定。收集各类信息确实没错，但是到了一定程度之后，就必须不再多想，果断地给事情做一个了结。这种时候，我经常用“抛硬币”的方式来轻推孩子一把，让他“做出一个差不多的决定就行了”。我会告诉孩子：“要是你确实没法决定，没关系，那就让硬币来做决定吧。”在硬币被抛到空中的那一刻，孩子经常会意识到“其实哪个选择都可以”或者“其实我想要这个”。

做事拖拉，看上去似乎与焦虑无关，但其实是一种逃避战术。高迪对家庭作业感到焦虑，因此他就拖着迟迟不做。作业拖欠得越多，他的焦虑感就越重，也就越不想坐下来写，因为这会让他直接面对焦虑，于是他就一拖再拖。也就是说，不写作业为的是不用面对焦虑。有时候拖得足够久了之后，他甚至会忘记自己的焦虑。他的妈妈经常骂他懒惰，但其实懒惰并不是问题的真正根源。要想有效地解决问题，必须理解拖延行为的核心是焦虑以及逃避焦虑。作为父母，我们常常只看重“把事情做完”，却忽视了孩子在做这件事情时厌烦、难受或紧张的感受。

不能承受任何变化，是又一种刻板的表现。对于许多孩子来说，焦虑的根源是在面对不熟悉的事物时所产生的负面感受。因此，焦虑的孩子常常迫切地想提前知道接下来会发生什么。如果事情的发展出乎预料，他就会产生强烈的情绪反应。这种刻板表现经常使父母落入一个陷阱：只要把将要发生的事情详详细细地预告给孩子，那么就能缓解他的焦虑。然而不幸的是，万一计划不得不改变，孩子就会更加崩溃。

父母还会产生这类纠结：应该在什么时候把坏消息告诉孩子呢？要是父母说“三天后你要去打针”，那么孩子可能在这三天里一直都会忧心忡忡、胡思乱想。要是父母在最后一分钟才告诉孩子，虽然避免了焦虑的等待，但是却会破坏孩子对父母的信任：“你们应该早点告诉我才对！”而且，孩子还会因此增加另一个担心：“以后还会发生什么我不知道的坏事情呢？”

从某种意义上说，一成不变的日常生活规律也会是一个陷阱：重复性和规律性越强，越会让焦虑的孩子感到安心，然而一旦发生变化，他也就越受不了。

为了帮助孩子走出这些困境，你可以制订一个“星期计划”。在一个星期里，大部分的时间用来接受孩子的刻板状态，给予大量的理解和安慰。在此基础上时不时地轻推他一把，把他推离舒适地带，让他挑战刻板、迎接压力。轻推的同时，给予孩子更多的关怀和温暖，让他明白你完全理解和接纳他的不安情绪。

如果孩子在游戏中钻牛角尖：“你全都做错了！必须照我说的那样去做！”那么，你依然可以参照上一段的内容，制订一个“小时计划”。在一个小时里，用大部分时间热情地跟随孩子，按照他制定的规则去做。假如他说你做错了，那你就诚恳道歉，然后高高兴兴地让他主宰游戏。但是在某几分钟里，试着温和地推他一把。你可以说：“我觉得我那么做也可以呀。”或者“这次让我来规定怎么玩吧。”这时，孩子可能会非常愤怒或者悲伤，对此你一定要提供足够的安慰，因为这就是隐藏在刻板背后的情绪。

父母会觉得很难让孩子去尝试新的食物、新的活动，或者去结交新的朋友。在这些事情上我们通常会认为，要么只能强迫孩子，要么被迫完全放弃。我认为我们可以找到一个更好的折中办法：接纳孩子不够灵活变通的现状，同时轻轻地推动他，帮助他慢慢扩大自己的舒适地带。

“接纳 + 轻推”的方式，能够增加孩子的安全感和自信心，使他们突破自己，变得越来越灵活。同时，我们一定要挑战自己的刻板问题。作为成人，我们身边没有人居高临下地逼我们做出改变，所以我们必须推着自己向前走。重要的是，要像理解孩子那样接纳自己——毕竟，我们已经习惯了多年的固有状态，恢复灵活性将十分艰巨。

严重的刻板会导致强迫症思维和行为，例如：反复检查有没有锁门，一遍又一遍地擦桌子，不停地洗手，在最小的生活变故前都会情绪失控。如果刻板问题已经严重干扰了孩子的正常生活，你可能需要向专业人士求助。然而无论情况多么严重，都应该避免与孩子直接对抗。源源不断的爱与关怀（尤其是拥抱和游戏中的肢体接触）才是对孩子永远的帮助。

过度取悦他人

我第一次与9岁的罗兰会面时，她向我说了七八次抱歉，每次都是为了一件无足挂齿的小事。她甚至因为说了太多次抱歉而向我道歉。我一点儿也不感到意外，因为她的父母早就告诉过我她很容易紧张。总是感到抱歉、过分友善、急切地想取悦别人，都是孩子常见的焦虑表现。有些父母或许特别希望孩子为人友善，希望他们把“对不起”挂在嘴边。但是，焦虑的孩子肯定就“友善”得过头了。

心理治疗师詹姆斯·拉普森和作家克雷格·恩格里斯合著了一本关于“过度友善”的书，专门讲的是那些从小就不知道自己想要什么或者怎样满足自己需求的孩子。他们太过频繁地道歉和表达友善，不管是否有必要。他们总是担心别人对他们的看法，担心自己是不是说错了话。

过度友善的人看上去似乎并不焦虑，或者他自认为并不焦虑——只要他能让每一个人都开心。但是，他迟早会失败。在父母离异、分居或者整天吵架的家庭里，孩子会尤其沮丧和痛苦，因为他渴望取悦所有人，但爸爸妈妈总会有一方（甚至双方）不高兴，于是他就会感到非常内疚。把全部精力都放在别人的感受上而忽略了自身的感受，孩子最终会精疲力竭。

女孩在成长的过程中，会被更多地要求“要为人友善”。这一点，我猜每位女性都有所体会。我女儿读一年级的时候，我问她和她的一个男同学，要怎样做才能讨人喜欢。男同学回答："玩打仗游戏！"我女儿回答："对别人友好。"我们可能不希望女孩子整天舞枪弄刀，但是至少也应该帮助她们像重视"友好"一样去重视做人的更多方面，如体能、自信、诚实等。

"特别时间"可以用来帮助过度取悦他人的孩子。帕蒂·惠芙乐是实践"特别时间"的先锋，她在书中写道："特别时间是父母精心规划好的一段时间。在这段时间里，父母要心无旁骛，一对一地陪伴孩子，孩子让父母做什么，父母就做什么。父母要尽可能热情地投入，不要教导、建议和控制孩子，除非涉及安全问题。"当孩子习惯了"特别时间"之后，他们会更加了解自己的需求和愿望，也相应地会减少对取悦他人的焦虑。

即便是在"特别时间"里，过度取悦他人的孩子一开始也会说："随你吧，我做什么都行。"这时，你要按捺住自己的冲动，不要指点或建议。你可以微笑着说："我可没什么主意呀，你慢慢决定，我这么跟你一起待着就很高兴了。""特别时间"可以帮助孩子听到自己的心声，找回内在的自信。但是，你可能需要推他一下，让取悦他人的固有模式受到一定的挑战。此外，我还建议玩一些让他大声喊、更放纵甚至更疯狂的游戏。

"道德感"，也就是"良心"，也会引起焦虑。健康的道德感通过适度的压力敦促我们不要偏离正途。对于年幼的孩子，良心时刻提醒他们不要给自己找麻烦。对于年龄大点儿的孩子，良心时刻提醒他们不要干坏事。道德感所施加的压力程度很关键。道德感太弱，孩子会毫无分寸地伤害他人；道德感太强，孩子会因为羞愧和内疚而感到痛苦。

过度友善的孩子常常受到良心的折磨。虽然"有良心"总比"没良心"要好，但是过强的道德感也会带来问题：当道德感插足情绪范畴时，那么它就会导致痛苦的焦虑。我会告诉焦虑的孩子："情绪没有'应该'

或‘不应该’的问题，我们感受到什么就是什么。我们不该用良心来责怪情绪，那不公平，因为任何情绪的产生都是正常的。”想法和冲动也是如此，即便是想要打人的冲动，我们每个人都难免会有。道德感和良心，体现在我们的实际行动上。

每当莉亚因为捉弄弟弟给自己招来麻烦时，她就会说：“我是个坏孩子，我应该去死！”懊悔是好的，但是判死刑就太极端了。这种严厉的良心谴责，要么是因为孩子曾经受到过极其严厉的惩罚或威胁，要么是因为大人对孩子的期望过高而让孩子完全无法做到。如果你能让孩子准确地描绘出“良心在对他自己说什么”（以什么样的语气、说了什么话），你就会知道自己在责骂孩子时是什么样子。

解决这个问题的办法，就是重新“给良心上课”，让良心懂得：情绪无所谓对错，只有令人痛苦与让人高兴的分别。一个人要是产生了坏想法或者做坏事的冲动，也不能代表他没有良心。良心负责的是如何行动。良心还需要懂得：坚定而仁慈的良心，远胜于严厉而冷酷的良心。严酷可能会得到一时的顺从，但也一定会导致羞愧或叛逆。

生死大事

大多数青少年和成年人都会时不时思考自我的位置、生命的意义以及死亡等问题。这些思考可以是愉悦的，甚至是令人解脱的，但也可以成为焦虑与绝望的来源。对于年幼的孩子来说，这些念头更可能会导致焦虑，因为大多数孩子没有足够的生活经历来引导帮助他们理解这些想法。有些孩子甚至会过早地意识到灵魂与存在感的问题。童年对于存在感的焦虑，也可能来自有关死亡的生活经历，例如亲人离世或重大疾病，以及造成严重创伤的虐待事件（即便当时没有死亡的内容，但是孩子的感受犹如生死挣扎）。应对这类困扰，对于我们十分艰难，对于孩子就更加艰难。

为了帮助孩子摆脱这类困扰，我们首先需要反思自己对于生死和生命价值的核心信念。我的同事大卫·特里博是马萨诸塞州的一位心理医生，根据他的观察，对于存在感到焦虑的孩子需要成人作为向导，来帮助他们理解自己的想法以及那些可怕的体验。特里博医生教给孩子一种精神上的自我保护技巧：让孩子想象自己笼罩在一层半透明的保护罩中，这样他们既可以与外界保持一定的联系，又可以感到自己很安全、不会受到伤害。他给孩子传递的信息是：我尊重你的恐惧感，不止你一个人有这样的想法和感受，你有权拥有所有的感受，更有权拥有被保护的感受。

父母经常在孩子面前回避一切有关死亡的话题，但这并不现实。想要保护孩子远离现实痛苦的冲动，有时会发展到极端的地步。有一次，我接到一个朋友的电话，她哥哥突然离世了，家里人不知应该怎样把这个消息告诉哥哥 3 岁的女儿，因此她打电话来征求我的意见。说实话，除了告诉孩子真相，我实在想不出更好的办法。她告诉我，家里人都不想让孩子难过，于是一个人有一个说法。有的说她爸爸出差了，有的说他睡着了，有的说他去了一个叫作天堂的好地方。但是谁也没有向她解释，为什么所有人看起来都那么悲伤。真相不一定会比这种局面更糟糕。我理解这种保护孩子的迫切愿望，但是只要给予孩子足够的爱与共情，他们就可以面对现实，而且还能有机会提出疑惑和表达情绪。

为了保护孩子，我们还会尽力回避这个世界上残酷的真相，例如贫穷、不公平以及战争。问题是，当父母回避可怕的话题时，孩子会误以为父母需要被保护，结果他就把自己的害怕与担心掩藏起来，而缄口不言。因此在必要时，我们应该用适当的方式让孩子了解这个社会的黑暗一面（当然不要给他们看那些形象生动的画面），然后引导孩子关注：如何从小事做起，改变世界。

我从哪里来？尽管这个问题在广义上涉及了生命的意义，但我们还是来直接讨论那个让很多父母紧张的话题吧：性与生育。孩子天生就会对这些话题感到好奇，而这份好奇心又经常挑动父母紧张的神经，结果孩子要么觉得羞耻，要么变得更加好奇。我们非常不愿承认的一个事实是：孩子对自己的身体、对别人的身体以及“人从哪里来”这样的问题都会很感兴趣。因此在这个问题上，父母必须克服自己的不安，才能成为很好的倾听者，也才有机会为孩子提供正确的性知识。不要因为你自己的焦虑而躲避这个话题，假如孩子不能从父母这里了解性知识，那么他就会从同龄人或媒体那里接收到大量的错误信息。

死亡，是一个可怕的概念。孩子在成长的过程中，会慢慢发现有的东西可以修复，而有的事情却不可逆转。就是在此同时，他开始渐渐了解到死亡。死亡是一个不可逆转的终极事件。很多孩子都会被有关死亡的事情所吸引，他们要把死去的宠物埋起来，要去树林里看看腐烂的动物到底是什么样子。孩子还很喜欢玩死去与复活的游戏：“砰！砰！你死了。”这些都是健康的、试图理解内心困惑的本能。

当家庭里有人去世，最常见的问题就是：应该让孩子对死亡了解多少？孩子是否应该参加葬礼？父母想为孩子提供释放悲伤的出口，但是又不想让孩子被痛苦情绪所淹没。在这个问题上，没有标准的答案。最重要的是，同孩子一起做出决定。我听到过很多成人的抱怨，说他们小的时候在这类事情上毫无选择，要么被迫去参加葬礼，要么不被允许参加。无论是哪一种情况，他们都希望当时自己能有更多的发言权。

家庭处于一片悲哀时，孩子身边需要有一位不太悲伤的成人来陪伴。这位成人要能够全心倾听孩子（倾听者自己不会因为过度悲痛而情绪失控），并在孩子需要的时候带他出去玩。

孩子会用他最熟悉的方式（游戏）去理解他最困惑的事情（如死亡与

悲哀）。在孩子玩游戏或者编故事的时候，不要禁止有关死亡的主题，因为那是孩子适应现实的最佳途径。游戏里的角色可能会不停地死而复生、生而又死，请你不要担心。在游戏里，死亡是可以逆转的——孩子就是用这种方式来接受“死亡即终结”这个痛苦现实的。

烦恼汤

“烦恼汤”，是我自己起的名字，泛指其他童年焦虑的常见表现。它涉及的问题太宽泛，而且总是在变化，因此很难具体定义。一肚子“烦恼汤”的孩子可能会在不同的时期对于不同的事情感到焦虑，包括友谊、父母、健康、绑架、即将来临的考试或表演等。在大多数孩子看来没什么问题的事情，比如朋友没有马上接电话，或者同伴间普通的玩笑，都会让“烦恼汤”的孩子持续紧张。他可能会有一些强迫症倾向，身体也会因为焦虑而感到不适。对他来说，生活中时时处处都存在问题，让他无所适从。父母很难有效地劝慰他，因为他产生担心的速度永远要比感到慰藉的速度快得多。尤其令人沮丧的是那种对于遥远未来的担心：当他还在小学六年级的时候，就开始担心将来应该考哪所大学。

孩子们常常用“妄想症”来形容这种对各种潜在危险都过分警觉的状态（虽然严格意义上来说，“妄想症”完全是另一回事）。一个名叫雷的男孩说：“别人不太担心的事情，比如遭遇抢劫或考试不及格，我却对它们有妄想症。我花了太多的心思来担心这些事情，朋友们都说我有毛病。”

为了帮助这类孩子，父母应该控制住自己，不要针对“烦恼汤”里每一种具体的原料与孩子发生争执。你永远说服不了他。就算你说服他相信了某一件事情不值得担心，那他的担心也会转移到另一件事情上。你需要做的是帮助他们意识到问题的根源在于焦虑的情绪状态，而不是那些形形色色的危险。把努力放在“解决焦虑情绪”这一更深的层面上，摆脱“烦恼汤”的办法就有了：放松，重建自信，做一些刺激、好玩、有惊无险的事情。

本章中，我们一起探讨了各种各样的童年焦虑，从“床下的怪物”到“烦恼汤”。这个清单本来还会长得多，因为只要有多少焦虑的孩子，就会有多少种焦虑的表现形式。然而无论如何多样，所有的童年焦虑都存在共通之处：

- 童年焦虑一定会影响孩子的身体、行为、情绪、思考方式和人际关系。
- 所有焦虑的孩子都需要父母的安慰、接纳与共情。
- 所有孩子都需要一定的时间来放松、游戏，并面对自己的恐惧。
- 在帮助孩子理解自己的情绪和挑战焦虑性思维的过程中，父母起着非常关键的作用。

了解上述共通之处，你就掌握了游戏力的精华。

本章要点

- 9 种常见的童年焦虑是：
  - 依恋与分离
  - 社交焦虑
  - 床下的怪物
  - 生活中的危险
  - 创伤性恐惧
  - 刻板
  - 过度取悦他人
  - 生与死
  - 烦恼汤

- 所有的童年焦虑都存在共通之处：
  - 童年焦虑一定会影响孩子的身体、行为、情绪、思考方式和人际关系。
  - 所有焦虑的孩子都需要父母的安慰、接纳与共情。
  - 所有孩子都需要一定的时间来放松、游戏，并面对自己的恐惧。
  - 在帮助孩子理解自己的情绪和挑战焦虑性思维的过程中，父母起着非常关键的作用。

第8章

重拾快乐

滑稽舞步，是赶走焦虑的秘诀。

—

一名 11 岁的女孩

我第一次见到齐克时，他只有 5 岁。当时他是一个非常容易紧张的小男孩。经过一段时间，齐克掌握了一些有效缓解焦虑的方法，之后好几年我们就一直没有联系了。最近，他又给我写了一封信，说他被任命为五年级校报编辑。信上说："我既兴奋又紧张，心里七上八下的。我也不知道为什么会这样，但我已经有点等不及了，希望能尽快开始干。"齐克的这番经历和感受帮我解释了一件重要的事情：为什么我不给这本书取名为"治愈焦虑"？容易紧张的孩子，在面对新的挑战时，始终都会比较敏感并产生不安。

查理是一名 30 岁的男子。我们第一次会面时他就非常焦虑地问我，能否通过心理治疗彻底根除焦虑。我回答说，根除是不现实的。对于我的回答，查理显然很不满意。于是，我向他讲了齐克的故事——齐克被任命为校报编辑，这个挑战把他带到了一个最佳临界点：一个既害怕又安全，还有益于成长的临界点。我告诉查理，将来当他离开舒适地带，去尝试一些自己一直在逃避却又富有意义的挑战时，他依然会感到紧张，但那是再自然不过的事情。

紧张或焦虑，并不是一种病毒，也无法被根除或遗忘。它是一种头脑的状态，既需要被理解，又需要被小心翼翼地挑战。再说，如果根除了紧张，那么谁来向我们发出远离危险的信号呢？

心理学家兼知名作家海瑞特·李纳也曾写道："也许我们以为，如果我们躲开了焦虑和恐惧，那么它们就不会再来困扰我们。可是从此，我们的生命将变得狭窄而没有变化，安全而缺少乐趣。我们甚至没有机会意识到自己害怕经历成功、失败、拒绝、批评、冲突、竞争、亲密或冒险。……真正的挑战是：我们是否愿意为了拥抱崭新的事物，为了探究生命中更多的可能而承担更加强烈的紧张？"

换句话说，焦虑的感受并不是唯一的问题。当我们因为焦虑而采取逃避态度时，同样将蒙受损失。这让我想起一个以前的笑话：一个男人站在拥挤的火车里不停地上下挥舞手臂。有人忍不住问他在做什么，他回答道："我在赶狮子呢！"旁人惊讶地说："但是这里根本就没有狮子呀！"男人得意地说："你看，我就知道这办法管用。"

齐克和查理向我求助的初衷，都是为了驱除痛苦的紧张和焦虑感。驱除痛苦的感受当然重要，但是我们最终的目标远远不止于此。当然，那个"赶狮子的男人"并没有感到痛苦，因为他的办法确实能让他躲避恐惧。但是，他会因此而筋疲力尽，并错失一路上的风景。所以，除了减少痛苦感受之外，我的最终目标是：孩子能够突破自己的局限，充分展现生命的活力，全身心融入世界，敢于承担合理的风险，愿意拥抱充满未知、但又充满机遇的将来。

"紧张"的反义词，并不是"不紧张"，而是联结与信任、游戏与快乐。

联结与信任

孩子容易紧张的个性，一方面来自基因，另一方面来自父母的教养方式。当然，没有哪一位父母会故意让孩子焦虑。然而，在不可回避的事实面前，我们必须反思自己的做法，包括对孩子的批评、怀疑、过度保护、不切实际的高期望值等。同样，如果方法得当，我们也会给焦虑的孩子带来巨大而积极的影响。在应对焦虑的过程中，最重要的是要求父母：

- 给予孩子足够的安全感，让孩子形成能够自我安抚的“内在声音”。
- 接纳孩子，热情地接受他的“当前状态”。
- 充当称职的搭档，当孩子因焦虑而逃避或呆住时，我们小心地轻推他，让他摆脱出来。

我们平时对待孩子的方式，决定了他的“内在声音”，也就是他看待自己的方式。孩子把从外界（最初主要是父母这里）听到的声音渐渐“内化”到自己心里，然后在相应的情景下反馈出来，变成对自己说的话。例如，当孩子犯下错误后，你希望他的内心里出现哪种声音：

“我笨透了！”
“完蛋了！完蛋了！完蛋了！”
“这会是我这辈子最大的麻烦！”
“爸爸妈妈肯定饶不了我。”
“有什么大不了的！我才不在乎呢！”
“不用管它，反正妈妈会摆平一切，还会给我饼干吃。”
“我做错了。现在有没有办法补救呢？下回我可不能再这样了。”

我猜，几乎所有父母都会选最后一个。其他的“内在声音”，要么来自父母过多的批评和严苛的规则，要么来自父母一天到晚不停地叮嘱“小心点儿”，要么来自父母害怕孩子的伤心和不安，因此经常会用贿赂和转移注意力的方法来堵截情绪。

如果你自己也是一个容易紧张的人，那么你的“内在声音”里多半也充满怀疑、不安甚至恐惧。又或者，你自己也习惯用甜食或其他转移方法，来躲避这些痛苦的情绪。

不管怎样，我们不希望孩子有其他那些“内在声音”。当没有危险时，我们希望孩子能够关闭警报，告诉自己一切安全；当确实出现危险时，我们则希望孩子迅速行动起来，而不是被吓得不知所措。

孩子只有在充满关怀和爱的关系中，才能发展出自信的“内在声音”。我的同事史蒂芬·豪斯沃思说：“针对焦虑的成人，心理治疗师最基本的建议就是，耕耘理解自我的心田，给自己更多的接纳、宽容和爱。只不过这对许多成人来说都非常困难。但是，孩子却更容易发展出对自己的理解，只要他周围的成人能够给他爱与接纳。”

健康的孩子会同时拥有成长的“根与翅膀”，既懂得亲密联结又具有独立的力量，既具有安全意识又富有冒险精神。他们在探索世界的过程中，心里始终怀有一个信念：我随时可以回到安全的大本营。

我最喜欢引用的例子是瑞典儿童文学作家阿斯特丽德·林格伦的儿童小说《绿林女儿》中的一段。罗妮娅是一位绿林首领的女儿，出生在荒野丛林中一个破旧的城堡里。她的父亲马堤斯尽管非常担心女儿的安危，但最终还是决定放手让女儿自己去闯世界。在临行前的叮咛中，父亲的关切与信心一览无余：

马堤斯：要小心，别在森林里迷了路。

罗妮娅：万一迷了路，怎么办呢？

马堤斯：找到出去的路。

罗妮娅：好吧。

马堤斯：还有，要小心，别掉进河里。

罗妮娅：如果掉进了河里，又该怎么办呢？

马堤斯：游上岸来。

作为父亲，马堤斯把握住了养育的平衡，既通过亲密的关爱在孩子内心奠定了联结与力量的基础，又通过信任的推动发展了孩子的勇气与能力。（不过我认为，小说中的马堤斯在“把孩子推出去”这件事上，其实还是过头了一点儿，但这毕竟只是一部文学作品。）

在现实生活中，与他人的温暖联结，是缓解焦虑和恐惧的最佳方法。相比任何药物和奖惩措施，亲密联结最能赋予孩子力量，从而在根本上产生有意义的改变。不过，焦虑的孩子经常回避联结，或者对关心他的亲人态度蛮横。此时，作为父母的我们，无论孩子如何恐惧或愤怒，也不要放弃，要坚持向他伸出援手，让他感受到自己确实在被关怀、被珍爱。和孩子一起游戏，或者，如果他们不想玩，那就慈爱地陪在他们身边。同时，努力放松自己的心情。养育焦虑的孩子，常会让父母自己也落入“焦虑”的深渊。当我们呈现出积极、轻松的精神面貌时，孩子紧绷的神经才可能跟着放松下来。

父母和孩子之间的“搭档关系”，在应对焦虑的过程中至关重要。这并不是说，我们要完全放弃“父母”的角色，而是不再一味地操控孩子。逼着孩子直面恐惧或者练习放松，是不可能成功的。我们必须倾听孩子的真实感受，而不是教导他“应该有什么感受”。我们需要和孩子一起努力，找到对他最有效的放松和减压技巧，也就是说，“咱们一起来想办法帮你冷静下来”比“你必须马上冷静下来”要有效得多。焦虑使孩子只想着赶紧逃离，而我们则可以给孩子提供一个更宽广的视角。我们知道，直面恐惧的滋味很不好受，但却非常值得努力去做。我们也知道，只要有一位满怀理解和信任的成人在身边提供支持，孩子就可以在临界点充分治愈内心的恐惧。

搭档关系并不等于事事顺从。“你不想游泳，没关系，我绝不会让你做害怕的事情。”从一时来看，这样的确保护了孩子免遭痛苦，但从长久看，却不利于他们自信心与内在力量的成长。孩子不需要我们再援助逃避的心理了。

还有一个误区不易被发现：我们会花上好几个小时，来跟孩子讨论“门锁到底安不安全”或者“爸爸下班晚了还没到家，他有可能遇到哪些可怕的事情”。焦虑的孩子非常喜欢这类讨论（其实是争辩），但之后却会陷入更加焦虑的想象。因此，我们不要再纠缠于那些细节的争论，要主动转移关注点：“你看看我的眼睛，我有没有在害怕？你认为‘觉得不安全’和‘真的不安全’有什么区别？紧张的时候，那种危险的感觉是不是特别真实？”

搭档关系意味着与孩子使用同一种“语言”，以便交流能够更加深入。当我们和孩子讨论安全感的问题时，无论我们把那些造成困扰的情绪称作“焦虑”、“压力”、“担心”，还是“恐惧”，都无所谓。而本书的目的之一，也是提供一些参考词汇，以便我们和孩子共享使用，例如“安全系统”及其组成部分、“情绪的火焰”、“镇静的第二只小鸡”、“直面情绪”，而不是“情绪失控”、“极力逃避”或“咬紧牙关”。

游戏与快乐

如果我们问孩子：“在你的担心和害怕里，有什么让你觉得好玩的地方吗？”那么答案当然是：“一点儿都没有！”这似乎是个奇怪的问题。但是事实上，即便是最严肃的问题，也可能有充满笑声的解决方案。

“外化”是源自叙事疗法的一个概念，可以帮助我们把轻松有趣的元素加入解决难题的过程中。孩子很容易把“整体自我”和“具体问题”混为一谈——“我很害羞”“我压力太大”“我怕狗”等。这种对自我的定义会造成孩子的羞愧感，也使问题更难得到创造性的解决。而“外化”就是要把具体问题从孩子的自我中剥离出来——“‘害羞’在悄悄劝我别跟大家说话。”“‘紧张’在使劲儿勒我的肚子。”

“外化”，能够帮助孩子重建“自我”与“问题”的关系，进而让游戏式方案成为可能。比如，孩子可以打败“害羞”和“紧张”，或者呵斥它们别来纠缠自己。孩子也可以让你假扮“恐惧”，这样他就可以用枕头来“大战恐惧”。在“间谍”或“侦探”游戏中，孩子则可以同“紧张魔怪”斗智斗勇，让它一直无法得逞。

“角色置换”游戏也是帮助孩子处理恐惧情绪进而摆脱困扰的好办法。在游戏中，孩子扮演勇敢者或吓人的可怕角色，而你来扮演总是害怕的那个角色。孩子还可能会假扮蜜蜂追着你满屋跑，或者举着一支巨型针管来给你打针，又或者扮演超人来营救你。

打闹游戏同样可以给孩子注入更多的自信，帮助他们克服恐惧。如果孩子在掰手腕比赛或者枕头大战中战胜了父母，那么他会因此信心大增。所有肢体接触类的游戏，都有助于增强我们和孩子之间的亲密感，所以，何不每天都找机会玩上一场呢？

“事件重演”是一个简单的游戏，但却能够有效化解孩子在某个具体事件中的恐惧。在重演过程中，足够的安全感让孩子可以借助笑声来释放恐惧。一位妈妈曾对我讲述，她的儿子早在会说话前就懂得用这个游戏来化解恐惧。

这个小男孩在不到 1 岁时，有一次被表哥用毯子蒙住了头，怎么挣扎也出不来，时间虽然很短暂，但他还是吓得尖叫起来。等到平静下来之后，他居然主动爬到毯子旁，抓起毯子又放下它，来回重复了好几次。父母很快意识到，孩子想重演刚才的事情。于是妈妈拿起毯子，把它举到孩子的头顶上。结果，孩子马上就又哭了起来。这时，妈妈自己也迅速把头伸到毯子下面。她能够感觉到，孩子此时恰恰处在临界点上，因为他尽管仍然害怕这个毯子，但还是想让妈妈再做一次这个游戏。这位妈妈说：“毯子蒙住我俩，让他重新感受到之前被困的恐惧，但是因为有我和他在一起，让他觉得这一次自己是安全的。”妈妈之后又用这个毯子来和孩子蒙猫猫，小男孩开始笑个不停。他们的游戏恰到好处，因此孩子很快就从刚才的恐惧中摆脱了出来。

好奇心，是童年游戏的主要元素之一。一般情况下，一个人不会对一件事既感到好奇，又同时回避它。因此，任何激发好奇心的做法（包括对紧张情绪本身的好奇），都能够帮助孩子减轻压力和焦虑。

当孩子“忘我”地投入一件事情时，比如照顾小动物或植物时，通常不太容易感到紧张。大一点儿的孩子则表示，当他们花时间和精力去帮助别人时，也比较容易不受焦虑和恐惧的影响。

游戏可以帮助孩子摆脱可怕事件所造成的影响，但更重要的是，游戏能够带来很多快乐。焦虑让孩子无法享受纯粹的快乐，而父母则可以通过更多的游戏和户外活动，让孩子重新获得快乐。我们应该让孩子意识到：功课、家务以及其他所谓的“要紧事”，并不是生活的唯一重心。

为人父母，谁不担心

我的同事迈克尔·汤普森曾对我提起过一位妈妈。由于极度的焦虑，她一天要给孩子的儿科医生打好几个电话，但其实孩子一直非常健康。最后，儿科医生不得不把她叫到办公室来，对她说："你已经是一位母亲了。这意味着，从此以后你的生活中一定会有各种担心。你必须学会自我调整。"

为人父母，谁不担心。如果有一个容易紧张的孩子，那么父母就更会如此。

我们怎样可以获得内心的安宁呢？

我真的不知道，身为父母的我们是否能够获得百分之百的平静与安宁。也许，那些整天静坐冥想的禅师可以做到，但他们又不用养孩子。

因此我认为，对于父母而言，焦虑的反义词并不是"安宁"，而是"信任"。如果我们信任孩子强大而坚韧的生命力，信任亲密关系中所蕴含的积极能量，信任爱与游戏所提供的自然疗愈效果，那么我们将不再因孩子而担心和焦虑。

有些时候，孩子又紧张起来了，而我们又无法马上"修复"问题。这时我们要相信，温暖的安抚和倾听就已经足够了。孩子也许会央求我们拯救他，或者要我们承诺一些不现实的事情——保护他不再遇到任何痛苦的感受。他或许还会让我们帮忙赶走身边所有可怕的东西，让他永远远离临界点。这时，我们很容易忍不住出手相救，毕竟，有哪个父母愿意眼看着孩子受苦呢？但是，我们必须信任已有的知识：保护孩子免受任何痛苦，则对他毫无益处。孩子需要的是在经历痛苦的时候，身边有人提供足够的抚慰，而不是在真空中永远逃避现实。

然而，焦虑的父母恰恰最难以信任孩子。

当孩子刚刚踏入一个陌生的世界时（无论是面对公园里的滑梯，还是第一次搬进属于自己的公寓），我们怎么能确信他会安然无恙？事实上，我们无法确信。我们不得不接受，任何事情都有一定的风险。随着孩子长大，父母要担心的事情只会有增无减。

艾伦的儿子已经长大成人，可艾伦还是整天担心不已。有一次，只是因为儿子没接电话，艾伦就慌得方寸大乱。我建议她放松一下，可是她断然拒绝了。我认为当前的问题是她过于焦虑，可是她却反驳说："现在的问题是我必须找到他，因为他可能真的遇到麻烦了。"显然，她根本不想面对自己的焦虑情绪，因为她的大脑早已被强大的焦虑性思维控制了："放松能有什么用！假如他现在正躺在医院里，生命垂危，而医生又没办法联系到我，怎么办？况且，他要是受伤了，我怎么放松得下来呀！"尽管她的话听上去合情合理，但是我确信，此时真正的问题在于她的警报器已经完全失控了。我们生活在一个不确定的世界里，无法苛求百分之百的确定性，因此我们必须学会信任。信任，是"解除警报"的核心要素。

虽然我们无法掌握百分之百的确定性，但是我们却掌握着知识，而知识就是力量。不管是父母还是孩子，只要对有关焦虑的知识有所了解，就能在一定程度上缓解它。同时，了解情绪的工作方式，以及恐惧造成身体不适的原理，也会很有帮助。

我接待过一位妈妈，她因为儿子焦虑而深感挫败。我向她建议，当孩子不肯去参加棒球训练时，要给予孩子更多的安抚，而不是责骂。她说："我安慰他了呀！我告诉他，他没事，根本没什么可担心的，只要他去了肯定就会开心起来。"这并不是真正的安抚，相反，这些话实际传递给孩子的信息是："你不应该有你那样的感受！"这样的交流结果只能是，妈妈因为儿子拒绝安抚而感到受挫和气愤，而儿子也因为妈妈不懂自己的心情同样感到受挫和气愤。这样的亲子关系，更多是在造成压力，而不是在提供安全感。

要想帮助孩子冷静下来，我们首先必须有效地安抚自己，同时准确地感受到孩子的当前需要。我从神经学家路易斯·科佐林诺那里学到一个很好的方法。

有一次，他和两个高度亢奋的孩子在一起，毫无章法地追逐打闹着。科佐林诺开始感到有点招架不住了。在接下来的“给宝宝拍嗝”的游戏中，两个孩子的狂躁达到了顶点，他们使尽全力拍打洋娃娃。这时，科佐林诺说：“我知道一种不一样的拍嗝方法。”紧接着他把娃娃放在自己肩膀上，一边轻轻地拍着，一边柔声细语地说着安抚和喜爱的话。结果，那两个孩子马上就平静了下来，并且要求轮流当被安抚的小宝宝。这个介入手段及时而且到位，迅速帮孩子（也帮他自己）恢复了平静。

我从中深受启发。有些孩子背负着沉重的情绪，表现为狂躁、伤心、愤怒或者焦虑。每当和他们在一起时，我都会使用“轻拍小婴儿”这个方法。我把一个娃娃、毛绒玩具或者枕头放在我肩膀上，假装那是一个小婴儿，然后轻轻地拍它、哄它。有时候，我甚至不需要任何道具，只是轻轻地拍自己。

这个方法的目的，是让每个人都回到“养育和照料”的情景中，并从中获得安全感。即便孩子没有注意到我在做什么，我的举动似乎也能改变四周的情绪氛围。即便我的举动没有对别人产生作用，它至少也能减缓我自己的心跳——这可要比淹没在别人的情绪中好多了。

我们还有其他各种各样的方法来安抚自己、缓解紧张，例如找朋友聊天、写日记、往脸上扑一点儿冷水，或者对自己说一些安慰的话。就拿我自己来说吧，有时候当我看见孩子把房间弄得乱糟糟，或者眼看着就要弄坏东西时，就会烦躁起来。而每当我意识到自己开始烦躁时，就会在大脑里播放一段特殊的记忆，它总能让我冷静下来。那是有一年，在我母亲的生日聚会上，所有的孙子孙女们都聚在一起，回忆祖母过去对他们有多好。

其中，好几个孩子都提到，祖母总允许他们把屋子弄得乱糟糟的，所有玩具和积木全被翻出来也没关系，因为她觉得“人总比东西重要”。我的警报在看到“乱糟糟”时被拉响，而这段记忆却总能强有力地帮我“解除警报”，否则我真的很容易失控。

要做到不过多为孩子担忧的确很难，但是我们要清楚地认识到，当我们担心时，给孩子传递的信号就会是“不信任”。典型的例子就是，每当我女儿爬上攀爬架时，我都会站在下面不停地喊：“小心！小心！”相比之下，信任的信号是截然不同的：“我对你很有信心，我相信你一定能做到。”这就像是“镇定的第二只小鸡”所发出的信号：“放心吧，附近没有老鹰！”

还有一点认识非常重要：我们的焦虑会让孩子渐渐不愿意与我们分享心事。就像我的一位朋友说的那样：“我妈妈整天为我担心个不停，我感觉她对我一点儿信心都没有，而且这种感觉已经内化了，让我自己都不相信自己了。我长大一点儿后，开始了解到什么会让妈妈担心，于是我就越来越不愿意把我自己的心事告诉她了。我不想因为自己的事情再给她增添烦恼，也不愿意到头来反而还要我去安慰她。”

当然，我们不可能一下子就完全消除对孩子的担心，但是至少我们可以努力不让自己的担心影响到孩子。我们不妨试试那个老办法：先假装从容，或许最终会真的从容起来。

无论如何，我们努力的最终目标必须是：后退，信任。

游戏力——应对孩子的焦虑和恐惧

焦虑会给生活的方方面面带来负面影响，让很多原本最自然的事情都变成“奢侈品”，例如睡觉、吃饭、消化、休息、玩耍、友谊、冒险、爱与被爱。伊索寓言《乡下老鼠和城里老鼠》的最后是这样总结寓意的：“宁要粗茶淡饭，平平安安；不要饕餮盛宴，惶恐度日。”当然，最理想的状况是平静悠闲地安享盛宴。因此，尽管克服焦虑困难重重，但却仍然值得努力。

为了帮助孩子克服焦虑，我们必须从与之相关的所有方面入手：身体、情绪、思维、行为以及人际关系（尤其是亲子关系）。

也许你已经发现，我一直在避免使用诊断性词汇给孩子的状态贴标签、下定义，因为我有三点考虑：第一，每个人都会有焦虑的时候；第二，对成人焦虑症的诊断可以相对准确，但是对于孩子做出诊断，就比较容易出现误差；第三，过度诊断容易导致过度用药。我个人对焦虑症的用药持非常保守的态度，尤其是对孩子用药。虽然药物在短期内能够缓解一些症状，但从长远来看，它反而会妨碍人体产生根本而持久的改变。这类药物很容易导致药物依赖并产生其他副作用。最糟糕的是，诊断和用药会让孩子丧失希望，无法学到如何掌控自我感受，更无法获得成就感。即便孩子已经被诊断为严重焦虑障碍，我们也切勿忘记：父母的共情所提供的安全感、与父母一起游戏所带来的笑声以及父母恰到好处的轻推所成就的进步，在孩子战胜焦虑、重拾快乐的过程中，起着举足轻重的作用。

在下面的表格中，简略总结了焦虑在各方面的影响，以及父母相应的有效干预手段：

	焦虑的表现	父母的应对
身体	• 肌肉紧绷 • 心跳加速 • 胸闷 • 喉咙发紧 • 胃部痉挛 • 呼吸短促 • 手脚冰冷 • 出虚汗	• 传授放松技巧 • 亲身试用所有方法 • 鼓励练习 • 一起玩打闹游戏 • 增加情感上的关爱和抚慰 • 鼓励“安全的冒险” • 参考第 3 章中的更多方法
思维	• 不断重复的念头 • 无法止住的念头 • 强迫性的想法 • 头脑中的恐怖画面 • “万一” • “要是……就好了” • 应该 / 不应该	• 尊重和接纳所有念头 • 鼓励对那些念头提出挑战 • 多玩，少说 • 参考第 6 章中的更多方法
情绪	• 过度警惕 • 忧虑 • 恐慌 • 害怕 • 紧张 • 失控、崩溃	• 让孩子了解情绪的工作方式 • 欢迎所有的情绪 • 引导心流体验 • 示范良好的情绪管理能力 • 参考第 5 章中的更多方法
行为	• 下意识的小动作 • 逃避 • 呆滞，躲藏 • 执拗，刻板	• 耐心接纳孩子的当前状态 • 循序渐进，让孩子慢慢到达临界点，直面恐惧 • 参考第 4 章中的更多方法
亲子关系	• 以上全部	• 充当“镇定的第二只小鸡” • 共情 • 处理我们自己的焦虑 • 参考第 2 章中的更多方法

在这张表格以及在本书中，为了方便描述，我把焦虑的影响人为地划分为身体、思维、情绪、行为、亲子关系这几个部分。而在现实生活中，所有这些部分都是关联在一起、密不可分的。我们把呼吸放慢，思维就会发生变化；反过来，我们的想法一变，呼吸也跟着发生变化。当我们开始

尝试之前一直逃避的事情，或者有意识地去改变紧张的习惯动作时，我们的情绪也会随之发生变化。

不过对于孩子来说，当所有因素一起作用在他身上时，他很容易瞬间崩溃和不知所措。这时候，尽管我们不可能完全分解焦虑在各个方面的影响，但还是可以集中力量，一次只针对一个方面想办法，先让问题得到缓解，再找机会深入解决。

有一套抗焦虑的方法叫作 SIBAM，这 5 个字母分别代表个人内在体验的 5 个方面：感觉（sensation）、图像（image）、行为（behavior）、情感（affect）、意义（meaning）。心理学家彼得·勒文指出，准确辨认出自己的 SIBAM，将非常有利于战胜焦虑。例如，孩子以前的认识可能仅仅停留在一些模糊感受上，如“我很不安”或者“我不想上学”。而如果孩子掌握了 SIBAM 这个工具，那么他就可以把模糊的感受拆解成更为具体的几个部分：

- 感觉（sensation）：肚子疼。
- 图像（image）：大家盯着我看。
- 行为（behavior）：咬指甲、紧抓安慰物。
- 情感（affect）：忧虑、恐惧。
- 意义（meaning）：没人喜欢我。

抗焦虑笔记本

有一个方式，可以把焦虑在各方面的影响和本书中所提到的各种方法很好地整合在一起：一个由父母陪孩子一起精心制作的笔记本（或者一个多媒体电子文件）。我把它称作“抗焦虑笔记本”，但是有的孩子喜欢给它起个更个性化的名字，比如“压力粉碎机”或者“侦探泰利追捕焦虑记”。

这个方法的灵感来自叙事疗法的先锋、澳大利亚心理治疗师迈克尔·怀特。他曾在讲座中介绍道，当面对某个问题（如尿床、做噩梦）时，他会问孩子：“如果你想解决尿床的问题，你需要怎样的超能力？”如果孩子说：“我需要老虎那么大的力气。”那么，他就会建议父母和孩子共同创作一本有情节、有图画、有老虎这个角色的故事书。有的父母甚至还会给孩子缝制一身老虎装。这样的方法借助了创造力、好奇心以及外化的手段，让孩子置身于更主动、更有创造性的角色，而不再是从前那个患有某种障碍的被动受害者。

在抗焦虑笔记本中，你可以和孩子一起写字、画画、粘贴从杂志上剪下来的图片等。每个人的笔记本都有所不同，所以我在此仅举一些例子供大家参考。大部分笔记本上都会有某种形式的 SUDS 或“恐惧测量计”（详见第 3 章），也有类似 SIBAM 的部分，把焦虑拆分为对身体、情绪、思维和行为等具体方面的影响。有些笔记本中包括父母陪孩子共同创作的图文故事，主题可以是孩子打败“焦虑魔怪”的英雄壮举，也可以是孩子“擒获床下怪兽”的侦探故事。此外，还可能包含的内容有：焦虑大揭秘，（紧张值达到 9 时的）减压大法，1 小时见效法，5 分钟见效法和 5 秒钟见效法，等等。

在笔记本中，还可以结合孩子的真实情绪体验，图文并茂地表现“情绪火焰”的各个部分，以及“大脑安全系统”中的四大环节（察觉危险、拉响警报、理性评估、解除警报）。有了笔记本之后，当孩子成功地克服了焦虑时，你就可以提醒他：“你是怎么做到的？我们把它写进笔记本里吧。”而当你们感到挫败、不知所措时，也可以说：“我们去笔记本里找找有什么好办法吧。”

有一天，一个名叫罗比的男孩得意地给我看了他的笔记本，里面有一页叫“科恩的馊主意（不过很管用）”。那是以前有一次我为了逗笑他，用夸张的方式示范的“弹簧颤动”。我当然知道这个方法会管用，但让我吃惊的是他居然回家尝试了。在笔记本里，他这样写道：“假装站在弹簧上，不停地上下颤动；使劲甩手，就像是要把手上的水甩干那样；假装害怕地喊‘啊’‘呜’，声音先又尖又大，然后再又粗又低。”罗比告诉我，他第一次尝试时，心里想的是“肯定不管用，不就是逗人笑吗”，但做过之后他就意识到，对于一直以来都超级紧张的他来说，大笑是多么有好处。

我还曾经和小女孩塔拉及她的妈妈分享过一个叫作“情绪项目”的方法，是我从帕蒂·惠芙乐那里学来的。每个人都可以在某些方面改变自己，尤其是在处理内心感受和人际交往方面。塔拉发现，“脸皮薄”是自己的一个大问题。每当她遇到别人嘲笑或者发生某些意外时，她就很容易过度不安。因此，她的“情绪计划”代号就称为“磨厚脸皮”。她还把这个计划写进了自己的笔记本，其中一页列出了一些容易让她不安的事情，以及她对这些事情新的解读。例如，有一条是这样的：南希从我身边走过时没有跟我打招呼——她脑袋里肯定装着一大堆事，因此她忘了跟我打招呼，那些事肯定跟我没什么关系。另外一页则是她自己编的故事以及相应的配图：一条刻薄的金鱼总是伤害其他小鱼，还把它们弄哭了。尽管这个故事中充满了眼泪，但当塔拉大声读出这个故事时，她和她的家人都忍不住哈哈大笑。

另外，在笔记本中，有的孩子画了一幅一个男孩掉进陷阱的图画，旁边写上各种焦虑性的想法。也有的列出“刺激、好玩、有惊无险”的活动列表，并分为“计划中”和“已完成”两项。还有的写了满满一页清单，而清单的标题是“我一点儿也不担心的事情”。

十大原则

游戏力在应对童年焦虑的过程中，可以帮助孩子从根本上治愈恐惧所造成的创伤，从而真正自信地面对充满未知的将来。首先，我们用爱、共情与接纳，重新加固安全感的地基；接下来，我们借助游戏的轻松与笑声，缓解眼前的问题；最后，我们基于与孩子的亲密联结，帮助孩子直面恐惧、不再逃避。

我把这个过程简单归纳为下列 10 项基本原则，相信这些原则既有助于解决孩子的焦虑，也有助于减少父母在养育过程中的担忧。

游戏力缓解孩子紧张的 10 项基本原则：

1. 每次交流的开场，都应该是温暖、共情与理解。

2. 让孩子理解以下基本概念："大脑安全系统"（包括察觉危险、拉响警报、理性评估、解除警报）和"情绪火焰"（包括火种、火焰、汽油、水）。

3. 在"耐心与接纳"和"轻推与挑战"之间，找到微妙的平衡点。

4. 每天都做点儿"刺激、好玩、有惊无险"的事情。

5. 游戏！（游戏带来笑声，笑声化解恐惧。）

6. 接纳孩子的情绪之后，引导孩子关注当下，而不是"万一"的想象。

7. 帮助孩子摆脱焦虑性思维，转而关注身体感受。（利用放松、调整呼吸、打闹游戏、写故事和画画等各种方法。）

8. 充当"镇定的第二只小鸡"，而不是像从前那样，要么忽视孩子的感受，要么陷入无效的劝说。

9. 逐渐提高孩子对风险、不习惯和不确定性的耐受力。（鼓励直面感受，避免极力逃避、情绪失控和咬紧牙关的倾向。）

10. 逐一处理生活中受到焦虑影响的各个方面（身体、思维、情绪、行为、亲子关系）。

最后，由衷感谢你让我分享了自己关于焦虑的思考和感受。不知在阅读本书的过程中，你有没有感觉与自己的焦虑和恐惧正面相遇？如果有，那么我完全理解那种感觉，因为在写作本书的过程中，我对自己的焦虑和逃避倾向也有了更清楚的认识。在帮助孩子应对恐惧、担忧和焦虑的过程中，最为艰巨的任务，无疑就是面对我们自身的恐惧、担忧和焦虑。

衷心希望本书能够帮助你和孩子战胜恐惧、担忧和焦虑：重温联结、重建信任、重享笑声、重拾快乐。

本章要点

- 在现实生活中，与他人的温暖联结，是缓解焦虑和恐惧的最佳方法。亲密联结比任何药物和奖惩措施更能赋予孩子力量。不过，焦虑的孩子经常回避联结，或者对关心他的亲人态度蛮横。此时，无论孩子如何恐惧或愤怒，父母都不要放弃，要坚持向他伸出援手，让他感受到自己确实在被关怀、被珍爱。和孩子一起游戏，或者慈爱地陪在他们身边。同时，努力放松自己的心情，当我们呈现出积极、轻松的精神面貌时，孩子紧绷的神经才可能跟着放松下来。
- 游戏可以帮助孩子摆脱可怕事件所造成的影响，但更重要的是，游戏能够带来很多快乐。焦虑让孩子无法享受纯粹的快乐，而父母则可以通过更多的游戏和户外活动，让孩子重新获得快乐。我们应该让孩子意识到：功课、家务以及其他所谓的“要紧事”，并不是生活的唯一重心。

鸣谢

感谢帕蒂 · 惠芙乐、史蒂芬 · 豪斯沃思、戴维 · 特林布尔、路易丝 · 大本 · 凯塞尔、游戏力父母工作营的所有参与者，以及凯瑟琳 · 罗伯森和奉献学校托管组（Devotion School Extended Day）全体同人给予我无限的灵感和建议。

感谢约什 · 霍维茨、凯瑟琳 · 奥尼尔 · 格蕾丝、巴巴拉 · 齐伯 · 拉尔森、丽兹 · 莫尔塞姆、玛妮 · 柯克兰对我的鼓励，并参与初稿的审阅、编辑工作，让本书得以付梓。

感谢我的父母、我的姐姐、我的妻子丽兹还有我的孩子艾玛和杰克，他们用爱和支持鼓励我完成此书。

最后，更要感谢每一位和我分享过他们的焦虑以及焦虑应对之策的爸爸妈妈和孩子们。